200道

 手残妈咪也会做！

婴幼儿 **辅食**

全攻略

0~3 岁婴幼儿美味健康餐！

人气亲子
育儿博主 小洁◎著

这是一本让宝宝每天都可以吃不同辅食的十全大补帖，让妈妈不再手忙脚乱就可以轻松搞定宝宝辅食的秘籍。跟着小洁妈妈一起亲手帮宝宝做辅食，不慌不忙简单搞定。真心推荐的这本辅食书，详细介绍宝宝每个阶段的营养摄取，不用上网看得眼花缭乱，有这本书就全都搞定！

知名亲子育儿博主 **尼力**

认识小洁妈咪已经好几年了，她是我见过的在辅食上最用心的妈妈，常看到她花很多时间研究婴幼儿辅食的食谱，而我自己也常参考她的做法，例如高汤、食物泥与粥类，各种食物在她手中都能轻松变化出不同的口味，甚至连点心、面包都可以自制，美味与营养兼备，让宝贝吃得开心又健康！

这本书里，小洁把0~3岁婴幼儿主辅食都做了完整详细的攻略，将辅食的制作、餐椅餐具选择、常见的辅食等相关问题，用浅显易懂的文字来说明，实用性很高。尤其是里面的食谱，大部分是用电锅、烤箱、平底锅就能做出来，连我这种手残没厨艺的妈妈也能轻松上手，非常适合新手父母！

知名亲子育儿博主 **野蛮王妃**

生命是来自上天的恩典，而当孩子真正到来时，除了感动，也包含了紧张与不安，紧张的是"我该怎么去照顾一个小生命呢？"，不安的是"我可以做得好吗？"。其实，为母则强，母亲的温柔力量总比想象的巨大，对许多妈妈来说，最头痛的莫过于进入辅食时期。回想4年前成为新手妈妈的我，看了许多分享文，也研究过几本食谱书，坚持亲手做孩子的每一份食物，因为辅食是孩子进入大人食物前的离乳食，不只要好吃，也要健康，在看了小洁的新书后，更欣喜于市场上又多了一本值得参考的辅食食谱！

知名亲子育儿博主 **爱小宜**

希望每位父母，
都能轻松做出爱的料理陪伴孩子

　　妈妈的本领总是一直在进化，当妈妈前没有想到的事，当妈妈后常常能发挥到淋漓尽致，我从老大妮妮出生后，一直到老二出生，在制作辅食的路上越玩越上瘾，心得也越积越多。因为妮妮的辅食一直吃得不是很好，为了妮妮的"口福"，我一直在变魔术般绞尽脑汁想一些不同的料理，直到儿子出生后，因为从职业妈妈转为全职妈妈，所以有更多的时间可以泡在厨房里，去处理辅食和孩子的每一道餐点。

　　从开始在博客分享第一篇辅食文章开始，一直到现在，博客已累积了超过200道食谱，抓取精华再微微调整后，再把这几年其他妈妈常常跟我讨论、分享的问题，通通整理出来，才造就了今天这本书。

　　只要看到孩子开心地把我做的食物吃完，就算在厨房忙得满头大汗也觉得开心，从泥类、粥、软饭，到其他主食、零食、点心等，都代表我们参与孩子成长的每个过程，这也是我们对孩子每个成长阶段都用爱来陪伴的见证。

　　很多妈妈都是生了孩子之后，从零厨艺变身为料理达人，每一道料理，都展现了妈妈对孩子的爱心。这本书希望献给很想亲自料理辅食，却手足无措的父母们，就算零厨艺也能借由这本书简单的料理方式，轻松做出爱的料理！

本书作者 **小洁**

3

PART 3 营养与美味兼顾！
食物泥和饭面主食篇

PART 4 自制最安心！
宝宝零食点心、面包篇

新手爸妈不心慌，
搞定辅食大小事

什么时候该吃辅食？辅食的提供顺序？
高铁高钙食物营养表、食物过敏层级表，达人推荐辅食制作工具、
宝宝用餐工具大公开，让你制作辅食省时又省力！

U0388344

搞懂辅食观念，"赢"在起跑线

宝宝4~6个月开始，如果大人吃东西时会专注地盯着看，或是想跟你抢食物，那就代表他准备好要吃辅食了！宝宝4~12个月所吃的食物，称为辅食（Baby Food），为什么要吃辅食呢？这是为了要训练宝宝的咀嚼能力，为宝宝之后适应不同的固体食物而做准备，而且宝宝在6个月之后，铁质与热量的需求大增，这个时候就要借由辅食来补充了。

◎辅食添加建议

宝宝月龄	添加建议	添加重点
0~3个月	●3~4小时喂一次奶，共喂食6次	●不需要添加任何辅食
4~6个月	●3~4小时喂一次奶，共喂食6次 ●1天吃1次辅食，分量无所谓，吃得少也没关系 ●辅食可在两餐奶之间给予，选较接近午餐的时间喂食	●辅食以液状（十倍粥）、食物泥为主，从低敏食物开始试
7~9个月	●3~4小时喂一次奶，共喂食5次 ●1天吃2次辅食，可在接近午餐的时间、下午时段各给予1次	●辅食开始尝试稍有颗粒状的，例如7倍粥或五倍粥，搭配蔬菜泥、水果泥食用 ●当宝宝吃过4~5种不同食物后，便可以混合喂食
10~12个月	●每日喂2~3次奶，看孩子需求 ●1天吃2~3次辅食，可在早餐、午餐、晚餐时间给予	●辅食开始尝试半固体、软质固体，例如粥、蔬菜丁等
1岁后	●每日喂2~3次奶，看孩子需求 ●1天吃3次主食，在早餐、午餐、晚餐时间给予	●辅食变成主食，可开始减少奶量。 ●食材以碎丁状为主，也可用食物剪剪成细碎状

八大基础观念，马上就搞懂

刚踏入辅食领域的家长，可能会对制作辅食手忙脚乱。到底该什么时候给宝宝吃？要给宝宝吃什么？别着急，赶快跟我一起来了解辅食的基础观念吧！

喂食时机

宝宝4～6个月就可以吃辅食了，若是高过敏体质的宝宝，就算要拖延，也尽可能不要超过6个月。如果遇到过敏症状可以先观察，或等孩子长大一些，再试该样食材。小儿科医学会建议，**辅食应该少量逐渐增加，而且建议一次不要给两种以上的新食材**，宝宝食用后要注意是否有过敏的情况，吃了3～5天后没有异状，就可以再尝试下一种食材。

宝宝该吃辅食了吗？

- ☑ 宝宝体重满出生时的2倍（例如出生为3000g，现在已满6000g）。
- ☑ 宝宝可以趴着撑起头部。
- ☑ 能稍微保持坐姿，而且喜欢吃手。
- ☑ 对食物产生兴趣，会盯着大人的食物，或是想抢食物。

※喂食月龄为4～6个月

喂食次数

宝宝1岁前的主餐仍是以"奶"为主，**辅食并非取代主餐，所以可以介于两餐奶之间**。一开始从20mL、30mL慢慢加量，到后面吃得比较好的时候，再来取代一餐的奶，然后渐渐加量至取代两餐奶，这样约1岁时，刚好可以变成三餐，与大人的作息相同。1岁后的餐与餐之间，如果宝宝想喝奶，还是可以喝的，但以三餐为主、奶类为辅，甚至有的孩子一天只喝2次奶，分别为早上（睡醒）和晚上（睡前）。

喂食方式

喂食辅食的时候，要以小汤匙喂食，不要以奶瓶方式喂！因为在给予辅食的同时，也能训练宝宝的吞咽能力，可以将汤匙轻轻抵住宝宝下唇，待宝宝嘴巴张开时再倒入，这样能让宝宝习惯汤匙的喂食法。喂食的种类可以**液状→泥状（糊状）→细碎丁状→块状的方式来添加**，慢慢地训练他们的吞咽与咀嚼食物的能力。

喂食顺序

我是以**十倍粥（米汤、米糊）→食物泥→七倍粥→五倍粥（水分递减调整浓稠度）的方式来进行**。大约辅食吃了2个月之后，就可以试着将食物泥打得没这么软烂，甚至也可以用食物剪或是调理机的切碎功能来将食材切成细碎丁状，这样能训练宝宝的咀嚼能力。调整食物浓稠度时，要同时观察宝宝的排便，确认是否有吸收消化，或是直接排出食材。如果连续好几天都是直接排出食材，那可以再试把食物弄得更小一点。但如果是刚开始吃辅食的话，可以先观察1~2天，因为咀嚼能力也是需要练习的。

食物调味

宝宝的器官、肠胃都尚未发育完成，所以尽可能要以食物天然的原味去呈现，制作辅食时不需要任何的调味，才能减少宝宝身体器官的负荷。若要调味也尽可能以非加工调味料，或是少许清淡调味为主，而1岁后的饮食也要清淡，才能避免造成宝宝肠胃过度负担！

食物过敏

如果宝宝出现红疹、呕吐、拉肚子的症状，就要注意是否正在尝试新食物，可能产生过敏现象了，建议先暂停食用该食材，等宝宝长大点再吃。**建议吃辅食时，尽可能一次给予一样食材，这样比较清楚过敏源。**

除此之外，喂食的时候，建议尽量在白天或中午之前喂食，这样若宝宝产生过敏或胀气等问题，可以及时看医生求诊。

稀释果汁

有些家长会将果汁稀释后给宝宝喝，若要**稀释的话通常是以1:1的方式**，例如10mL的原汁搭配10mL的水。我家老大还小时，有时我也用果汁:水 = 1:2的方式来喂食，因为我比较担心宝宝如果习惯吃甜食，以后就不爱喝水了，所以我并不常给宝宝喝稀释果汁。

食物形态

宝宝刚开始接触辅食的时候，必须给予泥状的食物，这时就要将煮熟的食物、水果，以果汁机、调理机、搅拌棒来搅打成泥，这个就称为"食物泥"。当宝宝食物泥吃得越来越好、分量越来越多，可以再渐渐给予一些略有颗粒、半固体、软质固体的食材。

🍌 四大饮食关键，让宝宝吃得营养又健康

从宝宝第一口辅食开始，在喂食的食材、喂食的顺序上，都必须谨慎选择，才能让宝宝吃得营养又健康。有些食材是低过敏性，有些食材是高过敏性，甚至有些食材在1岁前都不能给宝宝吃，免得造成他们的肠胃负担，这些都是新手爸妈们在辅食之路上要特别注意的事情。

要点1 先从低敏食物开始试

日本、美国曾进行"全国过敏食物调查"，发现日本主要引起过敏的食材为蛋、牛奶、小麦、荞麦、花生，而美国则是牛奶、蛋、鱼、花生、小麦、大豆、贝类与核果类。虽然中国并没有正式的医学统计，可是医生们在非正式调查中有发现，**很多人容易对豆类、奶类、蛋类、壳类海鲜等食物过敏，因此在饮食上必须特别注意。**

特别是刚接触辅食的宝宝，一定要特别留意食物的过敏现象，掌握的关键就是：从低敏食材开始试，一次只试一种新食材，试3～7天没异常反应，就可再试下一个新食材。已经试过后没问题的食材，就可以混合食用（例如胡萝卜+马铃薯泥等），但若是有过敏现象，请先暂停食用该食材，等1～2个月后再重新尝试。

注意 NOTE

● 喂食辅食时，建议先依淀粉（米）→蔬菜→水果→蛋黄开始尝试，等到辅食第二阶段（7～9个月）开始，就可以按照豆类→白肉类→红肉类的顺序，少量尝试。

● 水果经高温加热再食用，可以减少过敏原的数量喔！

◎ 高低过敏原食材层级表

分类	低过敏原	高过敏原
淀粉	大米、大麦、燕麦、稞麦、番薯、马铃薯、小米、白面条	玉米、小麦、全麦、荞麦
蔬菜	菠菜、高丽菜、胡萝卜、花椰菜、南瓜、萝卜、地瓜、莴苣、小油菜、芦笋、甜菜、小黄瓜、小白菜、大白菜、青椒、红黄椒、油菜、秋葵	韭菜、芹菜、芥菜、茄子、竹笋、山药、番茄、香菇、蘑菇、木耳、豌豆
水果	梨子、葡萄、樱桃、枣子、莲雾、苹果、西瓜、哈密瓜、杏桃、酪梨、小红莓	香蕉、柳丁、橘子、葡萄柚、草莓、奇异果、芒果、木瓜、桃子、柑橘类水果、椰子、番茄
肉蛋豆类	白肉鱼（肉质蒸熟后是白色的）、鸡肉、羊肉、牛肉	大豆、蛋白、猪肉、有壳海鲜（虾、蟹等）、不新鲜的鱼、黄豆制品、鲑鱼、海带、鲔鱼
奶类	母乳、水解蛋白配方	各式乳制品、鲜奶
油脂甜食	亚麻仁油、芥花油、葵花油、葡萄干、蜂蜜（但需满1岁才可吃）、酪梨油、橄榄油	花生油、坚果类、巧克力、咖啡、肉桂、果仁、花生酱、芝麻酱、酵母、人工食品添加物（例如人工色素、防腐剂、香料、黄色布丁、黄色糖果、五香豆干等）、含酒精饮料或食物

※这个食物过敏原表格，是依照我个人经验、参考综合资料所得，但因为每个人过敏体质不同，表格仅供参考！

要点2 **搞懂宝宝的饮食禁忌**

　　虽然宝宝4～6个月就能开始吃辅食，但在饮食上还是有许多注意事项，不是什么食物都能给宝宝吃。其中有些食物建议12～18个月再食用，新手父母们一定要注意！

1岁前饮食禁忌

1. **蜂蜜**：蜂蜜虽然营养丰富，但因为可能含有肉毒杆菌孢子，1岁以下食用容易中毒。

2. **花生**：花生或其制品因含有花生油酸，食用后容易产生过敏反应。

3. **鲜奶**：成分里的蛋白质分子结构较大，而宝宝肠胃发育尚未完全，会让宝宝肾脏负担太大。

4. **蛋白**：成分里较容易引起过敏反应，9～10个月时可以先少量尝试，较担心的父母可以等1岁后再尝试。

5. **海鲜**：属于高过敏原食材，而且因为保存不易所以很容易腐败。1岁前可少量尝试，或1岁后再尝试。

6. **面条**：小麦是高过敏原食材，1岁前可少量尝试，或1岁后再尝试。

要点3 食材营养摄取大补帖

宝宝从母体中所吸收的铁质，只能在体内储存6个月左右，因此6个月之后就要开始补充铁质，这也是有些配方奶里会添加铁质的原因。除此之外，还有许多营养素必须均衡摄取，才能让宝宝吃得营养健康。以下列出各种常见食物营养素的功能，方便各位家长查阅。

◎基本营养素功能

营养素	主要功能	食物来源
蛋白质	维持人体生长发育，构成和修补细胞、组织，可调节生理机能并供给热能	奶类、肉类、蛋类、鱼类、豆类和豆制品、内脏类、全谷类等
脂肪	供给热能，帮助脂溶性维生素*的吸收与利用	色拉油、花生油、猪油、乳酪、乳油、人造奶油、麻油等
糖类	供给热能，帮助脂肪在体内代谢并调节生理机能	米饭、面条、馒头、玉米、马铃薯、番薯、芋头、树薯粉、甘蔗、蜂蜜、果酱等

＊能溶解于脂肪者，称"脂溶性维生素"。

◎脂溶性维生素功能

营养素	主要功能	食物来源
维生素A	使眼睛适应光线的变化，维持在黑暗光线下的正常视力，还能增加抵抗传染病的能力，促进牙齿和骨骼的正常生长	肝、蛋黄、牛奶、牛油、人造奶油、黄绿色蔬菜及水果（例如白菜、胡萝卜、菠菜、番茄、黄心或红心番薯、木瓜、芒果等）等
维生素D	协助钙、磷的吸收与运用，帮助骨骼和牙齿的正常发育，是神经、肌肉等功能正常运作所必需的微量元素	鱼肝油、蛋黄、牛油、鱼类、肝、香菇等
维生素E	减少维生素A和多元不饱和脂肪酸的氧化，控制细胞氧化	谷类、米糠油、小麦胚芽油、棉籽油、绿叶蔬菜、蛋黄、坚果类等
维生素K	可促进血液在伤口凝固，以免流血不止	绿叶蔬菜，如菠菜、高丽菜、莴苣，是维生素K最好的来源，蛋黄、肝脏亦含有少量

◎矿物质功能

营养素	主要功能	食物来源
钙	构成骨骼和牙齿的主要成分，可调节心跳及肌肉的收缩，维持正常神经的感应性	奶类、鱼类（连骨进食）、蛋类、深绿色蔬菜（例如花椰菜、高丽菜、油菜、芥蓝）、豆类和豆制品
磷	可促进脂肪与糖类的新陈代谢，也是构成骨骼和牙齿的要素	家禽类、鱼类、肉类、全谷类、干果、牛奶、豆荚等
铁	组成血红素的主要元素，也是体内部分酵素的组成元素	肝及内脏类、蛋黄、牛奶、瘦肉、贝类、海藻类、豆类、全谷类、葡萄干、绿叶蔬菜等
钾 钠 氯	维持体内水分之平衡及体液之渗透压，能调节神经与肌肉的刺激感受性。这3种元素若缺乏任何一种时，就会使人生长停滞	钾：瘦肉、内脏、五谷类 钠：奶类、蛋类、肉类 氯：奶类、蛋类、肉类
氟	构成骨骼和牙齿的一种重要成分	海产类、骨质食物、菠菜等
碘	甲状腺球蛋白的主要成分，以调节能量的新陈代谢	海产类、肉类、蛋、奶类、五谷类、绿叶蔬菜等
铜	催化铁与血红素的形成，可以帮助铁质的运用	肝脏、蚌肉、瘦肉、硬壳果类等
镁	构成骨骼的主要成分，可调节生理机能，并为组成几种肌肉酵素的成分	五谷类、坚果类、瘦肉、奶类、豆荚、绿叶蔬菜等

◎水溶性维生素功能

营养素	主要功能	食物来源
维生素B$_1$	增进食欲，促进胃肠蠕动和消化液的分泌，能预防和治疗脚气病、神经炎	胚芽米、麦芽、米糠、肝、瘦肉、酵母、豆类、蛋黄、鱼卵、蔬菜等
维生素B$_2$	辅助细胞的氧化还原作用，防治眼血管充血及嘴角裂痛	酵母、内脏类、牛奶、蛋类、花生、豆类、绿叶菜、瘦肉等
维生素B$_6$	帮助氨基酸的合成与分解，帮助色氨酸变成烟碱酸	肉类、鱼类、蔬菜类、酵母、麦芽、肝、肾、糙米、蛋、牛奶、豆类、花生等
维生素B$_{12}$	对糖类和脂肪代谢有重要功能，可以治疗恶性贫血及恶性贫血神经系统的疾病	肝、肾、瘦肉、乳、乳酪、蛋等
烟碱酸	使皮肤健康，甚至也有益于神经系统的健康	肝、酵母、糙米、全谷制品、瘦肉、蛋、鱼类、干豆类、绿叶蔬菜、牛奶等
叶酸	帮助血液的形成，可以防治恶性贫血症	新鲜的绿色蔬菜、肝、肾、瘦肉等
维生素C	加速伤口愈合，增加对传染病的抵抗力	深绿及黄红色蔬菜、水果（例如青辣椒、番石榴、柑橘类、番茄、柠檬等）

要点4 掌握维生素的辅助效果

宝宝的成长中，需要许多蛋白质、矿物质、维生素等营养，这些大部分都能在宝宝开始添加辅食后获取所需要的营养素。但是各种维生素其实是必须互助合作，发挥身体"润滑油"的作用，才能加强促进营养功效，因此一定要每日均衡摄取各类营养。

许多营养素在食用时，有促进或抑制的效果，其中铁质是6个月后宝宝必须加强补充的营养素，而钙质则是让宝宝长高、长壮的重要营养素，这两种矿物质也是家长们最在意的。下面列出促进铁质、钙质的吸收方式，能让宝宝更有效吸收各种物质！

◎ **铁质和钙质吸收方式**

矿物质	促进吸收	抑制吸收	说明
铁	**维生素C、柠檬酸、肉类**，能帮助铁的吸收，例如在食用含高铁质的食物后，再补充维生素C含量高的水果，就能加强吸收率	**奶、蛋、高钙的食物、咖啡、茶**，会抑制铁质吸收，不要加在一起食用	吃含铁质高的食物一天一餐即可，否则很容易引起便秘
钙	**维生素D**（可多晒太阳或吃香菇摄取，香菇若经日晒，维生素D含量更高）、**维生素K、蛋白质**，能促进钙质吸收，还有多运动也有助于钙的吸收	**含有草酸（例如菠菜）、高铁质的食物**，会抑制钙的吸收，因此若同时摄取高铁、高钙食物，反而会让吸收效果变差	维生素D、K是脂溶性维生素，必须要有油才会溶出。建议可以用**高丽菜（含维生素K）+香菇（含维生素D）+高钙食材+一点点油拌炒**，更能促进钙质吸收

辅食制作工具推荐

准备要开始制作辅食了，忙碌的父母们，只要挑选好的制作工具，就有事半功倍的效果！以下我秉持实验精神，买过、用过这么多工具后，列出我自己推荐的工具，给各位家长参考。

 ## 冰砖储存盒

有些家长因为时间的关系，无法天天准备宝宝的辅食，而且初期宝宝辅食的食用量又很少，这时就可以一次烹煮完成，再放入制冰盒或保存盒分装，放进冷冻室里就成为"冰砖"。每次要食用前，再使用微波炉或电锅加热即可。

▲将食物放入制冰盒，再放进冷冻室就成为"冰砖"。

 ### 冰砖使用与保存方式

1. 一种食材做成一个冰砖，不要混合后再做冰砖，这样较容易辨别宝宝喜欢哪种食物、不喜欢哪种食物。
2. 冰砖最好在1周内食用完毕，最久不要超过2周。
3. 建议以加盖制冰盒直接保存，加热前再一块块取出加热。
4. 以制冰盒放入冷冻室4~5小时后，便将制冰盒中的冰砖取出，放入保鲜袋保存分装。

加盖制冰盒

一般有盖的制冰盒都可以使用，最容易取得，价格也较合适，但是容量较受限。

▲冰砖工具种类有很多，尺寸、大小各不同。

食物保鲜盒

部分食物保鲜盒上还有容量显示，在拿捏分量的多寡上会比较好控制。除此之外，有的玻璃保鲜盒，甚至可以直接放入电锅加热呢！这类保鲜盒使用很方便，但缺点是单价比较高。

辅食分装盒

不少品牌有为了辅食出的专门分装盒，有些会依照不同的容量来做区分，甚至可以在外盒用水性笔写字，注明食物内容，让家长更容易辨别。除此之外，专门的分装盒还有特殊设计，能让你拿取更方便，这些设计都很实用。

加热工具

在加热工具的选择上，我建议使用家里现有的工具。在没有任何工具的情况下，其实食物调理机是很不错的选择，因为它的应用范围很广，除了做孩子的辅食，还能煮浓汤、当果汁机。

食物调理机

食物调理机可以说是忙碌父母的好帮手！这是属于一机多功能的用法，在什么工具都没有的情况下，它能一机包办帮父母处理好宝宝的辅食，甚至也能取代果汁机的功能，因为它蒸煮、搅拌、加热功能全都有，使用十分方便。

电锅

这是最常见的加热蒸煮器具，不需要炉火即可以上菜，但部分叶菜类不适合用电锅蒸煮太久，例如地瓜叶、青花菜等绿色蔬菜类，它们若焖过火很容易变黄，因此建议放入电锅后，待蒸熟就赶快取出。怕菜变黄的家长，可以选择比较不怕变色的蔬菜，例如白萝卜、洋葱、茄子，就比较不怕变色的问题。

▲把冰砖放入电锅里蒸熟，就可食用。

瓦斯炉

瓦斯炉是最常见的加热工具，冰砖也可以用隔水加热的方式，而新鲜的叶菜类也可以烫过再打成泥，甚至还能搭配锅来煎煮炒炸呢！

微波炉

微波炉是很方便快速的加热工具，最常见的辅食用法，是用在冰砖退冰加热的时候，但要使用微波加热后不会产生毒素的器具装食物才可以。

🍌 打泥和切碎工具

宝宝大约11个月以后，就准备要开始适应固体食物了，这个时候必须准备打泥、切碎工具，让他们开始练习食用小细碎的固体食物。

调理棒

调理棒适合制作4～6个月宝宝的食物泥时使用，它在使用上会比果汁机来得方便些，因为可以打细碎少量的食物。除此之外，有些食物调理机，也有食物搅拌的功能。

切碎盒

切碎盒的使用范围很广，当孩子不再需要打成泥的时候，处理食材几乎都可以靠它，适用2～3岁宝宝的辅食制作，细碎食材只要用切碎盒切碎再来料理，就不用切得这么辛苦啦！

▲调理棒也就是搅拌棒，能轻松将食物搅打成泥。

食物剪

食物剪是孩子辅食时期不可或缺的好朋友，主要用途是把食材剪小块，让孩子方便食用。外出时一定要携带，可以说是带孩子外出的必备工具，挑选时建议要挑不锈钢的，就不用担心塑化剂或生锈的问题。

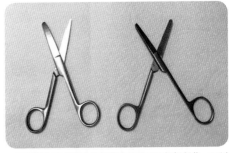

▲不锈钢的手术剪价格便宜而且采用不锈钢制作，可以直接用热水消毒或放进消毒锅里，非常实用！

食物调理机，制作辅食的好帮手

食物调理机是制作辅食的好帮手，因为它是一机多功能的设计，具有搅拌、蒸煮、加热功能，因此能蒸煮食物、加热奶瓶、消毒奶瓶，甚至用来打果汁、制作浓汤都很简单容易，忙碌的父母们有了它，就可以轻松帮宝宝准备食物了。

食物调理机食谱示范

胡萝卜泥+卷心菜泥

宝宝若对这两样食材都不会过敏或排斥，妈妈就可以将两样蔬菜一起放入搅拌器打泥，一次吃到两种蔬菜，省时又方便。

材料

胡萝卜适量、高丽菜适量。

做法

① 一次制作两种蔬菜泥，将胡萝卜切小丁放入蒸篮下层，高丽菜切碎放蒸篮上层，蒸15分钟。

② 蒸好后将胡萝卜放入搅拌器，可以加入少许蒸煮液或水打成泥，取出后再将高丽菜放入搅拌器，同样加入蒸煮液或水打成泥。

山药紫米粥 7个月以上

营养丰富的山药与紫米，利用调理机蒸熟后并混合，就是营养又好吃的山药紫米粥。

材料

山药少许、紫米饭1碗。

做法

❶ 山药切小丁放入蒸篮下层，蒸10分钟。

❷ 上层再放入已煮好的紫米饭，加一点水一起蒸，让紫米饭变软，跟山药再蒸5分钟。

❸ 将蒸好的山药加入紫米粥里搅拌即完成。担心山药块太大的话，可以用汤匙切碎。

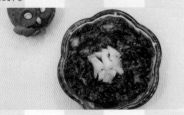

玉米浓汤 8个月以上

如果宝宝还不太会咬颗粒食物，可以将煮好的食材一半打成泥，一半用刀或汤匙切碎，全部搅拌成有小颗粒的浓汤，这样能训练孩子用牙龈或牙齿咬碎食物。

材料

马铃薯1小颗、胡萝卜1/4根、玉米1根（取玉米粒）、高汤100mL、水400mL。

做法

❶ 将马铃薯和胡萝卜切小丁，放入蒸篮下层后，再把玉米用小碗装好放上层，一起蒸15分钟。

❷ 将蒸好的马铃薯、胡萝卜、玉米各倒一半至搅拌器，并加入水及高汤打成浓汤。

❸ 将打好的浓汤加入剩下的马铃薯、胡萝卜，并将玉米切碎加入，搅拌即完成。

辅食用餐工具推荐

要开始吃辅食了！首先我们要挑选好的用餐工具，例如餐椅、汤匙、筷子、围兜、碗盘、餐垫等工具，有了这些工具的辅助，可以让你的喂食辅食之路更轻松容易！

 **餐椅**

宝宝开始用餐后，就建议将他们练习坐在餐椅上吃，这样才能养成他们定点用餐的习惯，有些宝宝因为从小没有特别训练，每到用餐时让父母追着喂，如果从小开始训练就能避免这样的情况。

帮宝椅

辅食的第一阶段（4~6个月时期），有些家长会准备"帮宝椅"给宝宝坐，因为这个椅子比较适合还坐不稳的孩子，它可以固定住宝宝的双脚和身体。但是月龄较大的宝宝就不适合坐了，必须再换其他餐椅来坐。另外，这种椅子不适合高处使用。

餐摇椅

餐摇椅可以当餐椅、安抚椅，因为可以调整的角度幅度较大，所以在宝宝还坐不稳的时候，可以用半倾斜的角度喂宝宝吃饭。但是想让宝宝学习自己吃饭的时候，就必须再搭配上防脏布，拆洗上会比较麻烦一些。

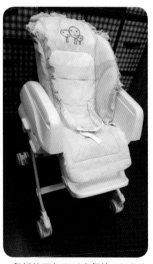

▲餐摇椅不仅可以当餐椅，还能当安抚椅。

固定高度餐椅

此款餐椅是外面餐厅较常见的款式，有一定的高度，椅子间的缝隙也无法调整，优点是价格便宜。但是宝宝辅食的第一阶段（4～6个月时期）若要坐这种椅子，必须将四周塞毯子或棉被，才能将宝宝固定住。

▲到各大餐厅用餐时，经常会看到这种餐椅，便宜又好用。

可调式餐椅

可调式餐椅多半可以调整3～5个角度，因为倾斜度的不同，所以适合孩子度过完整的餐椅时期。部分材质虽是防水布料，但是在孩子自己练习吃饭的时期，清理上会比较麻烦。

▲可调式餐椅，可以调整3～5个倾斜度。

携带型餐椅

携带型餐椅大多数是可折叠式的，大部分需要固定在有椅背的椅子上才可使用，虽然使用上较受限，但是出门时携带方便，而且冲洗上也很容易。

▲携带型餐椅能带着走，大部分设计成折叠式的。

成长椅+餐桌

成长椅+餐桌，是餐椅的另一种使用方式，很适合习惯在餐桌吃饭的家庭，只要将成长椅推入餐桌，加个安全背带就能从小使用到大，练习吃饭的时候再直接摆上餐垫碗盘，就十分好用了。虽然价格偏高，而且没有单独的餐桌（需搭配使用），但是便于清洗，用途很广。

▲这类餐椅因为是单独椅子，必须再自行搭配餐桌使用。

喂食汤匙和筷子

宝宝各种不同阶段，需要不同的喂食汤匙，而一岁半之后就可以开始训练他们自行用餐，或是自己拿学习筷练习。

挤压喂食汤匙

挤压喂食汤匙可以先将部分的米汤或食物泥放入汤匙，用挤压的方式挤出少许到汤匙前端喂食，适用在出门或辅食早期阶段。

初阶硅胶汤匙

这是最基本的入门汤匙，在孩子第一次要吃辅食的时候就能使用，但因为汤匙前端偏小，通常只适用辅食的第一阶段（4~6个月）。

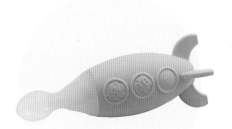

▲硅胶挤压喂食汤匙，造型非常可爱。

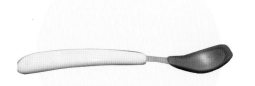

▲硅胶汤匙因为前端小，适合4~6个月时期的宝宝。

喝咖啡小汤匙

喝咖啡小汤匙，很适合用来喂食食物泥。除此之外，因为每个人家里几乎都有，取得方便又容易。

▲喝咖啡小汤匙，也可以当宝宝的喂食汤匙用。

弯曲汤匙

弯曲汤匙设计顺应小孩的抓握方式，让小孩开始自主学习吃饭使用。

不锈钢汤匙、叉子

不锈钢汤匙种类太多，我要推荐2种，是我从老大用到老二的叉子，因为有锯齿状设计，吃面时可以扣住，很方便！另外一个是汤匙，因为圆弧度的设计较佳，所以喂食汤、稀饭等较为适合。

▲采用弯曲的设计，让小孩抓握更方便。

▲叉子有锯齿状设计，吃面时可以扣住，很方便。

学习筷

学习筷是孩子学习吃饭时的常见工具，采用3个指套的握法，让孩子抓握筷子的方式更为正确，挑选时建议选择不锈钢材质的，使用起来会比较安心。

▲学习筷有3个指套设计，能让孩子训练拿筷子。

▲学习筷除了好用之外，还有很多种可爱卡通造型。

29

围兜

宝宝在练习吃饭时，围兜能避免食物汤汁或菜汤洒到衣服上，材质选择上建议以好清洗、有口袋的设计为佳，或是轻便适合外出携带的。

软式围兜

扣在孩子身上最不容易受伤，而且携带很方便，下方有个口袋还可以接住掉下的泥状食物！

硬式围兜

硬式围兜的体积偏大，但也因为偏硬，所以可以接住更多汤汤水水，因此较不容易变形，但携带较不方便。

▲硅胶软式立体围兜，轻巧好携带。

▲硬式围兜偏硬，所以可以接住许多汤汤水水，缺点是不太好携带。

长袖围兜

长袖围兜最适合孩子刚开始学吃饭时使用，因为刚开始学吃饭的时候，很容易吃得全身都是（甚至包括袖口），因此有了长袖围兜的辅助会比较适合。除此之外，因为长袖围兜较长，还可以拿来当画画衣使用。

▲神奇长袖吸水围兜，除了吃饭可使用，宝宝学习画画时穿上，可避免弄脏衣物。

🍌 碗盘和餐垫

碗盘和餐垫的选择非常多，我最在乎的就是材质的问题，因为是要给宝宝每天使用的工具，所以在材质的选择上一定要特别谨慎小心，建议选择不锈钢或有安心认证的产品为主。

不锈钢餐盘和碗

不锈钢餐盘和碗，最方便的就是可以直接进电锅加热（碗的部分），而且外层有塑胶套设计，这样在喂食时也不容易烫伤，甚至还有盖子能盖住放进冰箱，使用起来十分方便。

▲无毒不锈钢餐具，除了实用性外，色彩鲜艳也很讨喜。

餐碗

在餐碗的选择上，建议不要买塑胶的，因为塑胶不适合装热食（只适合用来装零食），因此在材质选择上，建议以不锈钢、硅胶或不含BPA的为主。

▲硅胶儿童餐碗，采用硅胶材质设计较安心。

▲轻松握携带型学习碗，还附有感温汤匙，遇热38℃以上会变色。

餐垫

如果担心孩子吃饭时把桌面弄得乱七八糟，可以试试可携式防水学习餐垫，清洗简单又耐用，而且背后附有强力防滑吸盘，能固定吸附于桌面。不使用的时候，还可以折叠卷曲收纳，所以携带上也很方便！

▲ 可携式防水学习餐垫，能固定吸附于桌面，而且携带方便。

餐盘

餐盘可以让宝宝更容易看见食物，把食物放在餐盘上，更容易提高食欲！市售餐盘种类很多，有的有分类格设计，可以让食物分门别类摆放好；有的则是适合握取，让宝宝学习自主吃饭；有的则是特殊造型设计，例如小男生就会对飞机、机器人造型特别有兴趣。种类非常多，挑选时的重点主要以材质为主，其他则可看家长的需求来购买。

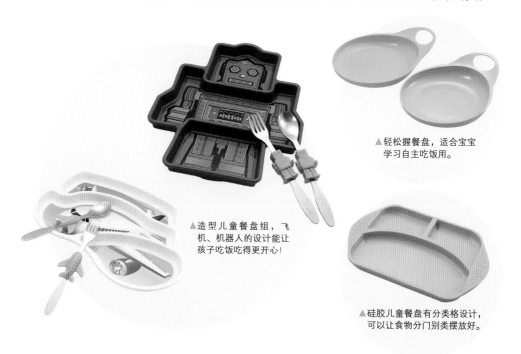

▲ 轻松握餐盘，适合宝宝学习自主吃饭用。

▲ 造型儿童餐盘组，飞机、机器人的设计能让孩子吃饭吃得更开心！

▲ 硅胶儿童餐盘有分类格设计，可以让食物分门别类摆放好。

包包里必备的抗菌随身喷雾

带宝宝外出用餐时，最担心细菌和污染问题，我会随身携带喷雾，可随时拿来喷双手消毒，还能消毒餐具，是很快速有效、安全环保的抗菌用品喔！

它的主要成分是次氯酸（HOCl），与人体中白细胞胞质内抗菌成分相同，可以快速且有效地让各种细菌病原微生物失去活性，达到完全有效的病菌清除率，而且作用后即还原为水，对人和环境皆无负担。

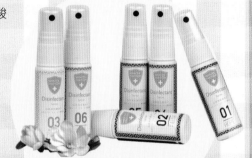

▲消毒抗菌喷雾能有效预防病毒侵袭。

分龄照顾法，
养出不挑食的健康宝宝

宝宝各月龄作息、辅食该如何添加？
如何培养宝宝良好的用餐习惯？
你想知道的辅食Q与A全收录！

4～6个月，宝宝开始吃辅食了

给餐次数	每日1～2餐辅食
给餐时间	两餐奶之间，接近午餐或晚餐
食物形态	从流质开始，渐渐到半流质状

宝宝4个月以前的作息，我是采取顺其自然的方式，并没有刻意去戒夜奶，0～3个月的时候，我家老大、老二都是有夜奶的，但这两个孩子在4个月左右就忽然戒掉了。我会依宝宝的状况，平均3～4个小时给一餐奶，这是最单纯的时期，只要吃饱睡、睡饱吃即可。这个阶段的宝宝，食物都是以母乳或配方奶为主，喂养方式很单纯，时间到了喝奶、睡觉、洗澡即可，但是满4个月后，可以开始尝试奶类以外的食物，正式踏入辅食的第一阶段。

育儿作息参考

4～6个月是辅食的第一阶段，可以先从一天一餐开始，待宝宝不排斥、越吃越多的时候，就可以改为一天两餐。给餐的时间，建议介于两餐奶之间，选一个较为接近午餐或晚餐的时间。每次喂食20～30分钟，而下一餐正常给奶，至于喝多少，依照宝宝的需求即可，毕竟当食物泥（辅食）越吃越多的时候，是可以取代一餐奶量的。但是辅食第一阶段，其实宝宝吃的量并不多，通常喝奶量几乎不变，不会被辅食取代，而且睡觉时间也依旧很长。

以下是我的育儿作息参考，我第一次给孩子的辅食时间在12点（两餐奶中间），若宝宝辅食吃得不错，会在17：00给第二餐，给予的分量会看宝宝需求，通常会在10～80mL。

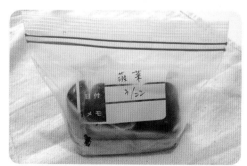

▲此阶段的辅食以食物泥为主，做好冰砖取出后，要倒入密封袋中，写上日期标示清楚。

◎作息时间参考

时间	宝宝作息
AM06：00	喝奶，亲喂或瓶喂，瓶喂150～180mL
AM10：00	喝奶，亲喂或瓶喂，瓶喂150～180mL
AM12：00	吃辅食，少量给予
PM14：00	喝奶，亲喂或瓶喂，瓶喂150～180mL
PM17：00	若宝宝辅食吃得不错，可在这时间再给予少量辅食
PM18：00	喝奶，亲喂或瓶喂，瓶喂150～180mL
PM22：00	喝奶，亲喂或瓶喂，瓶喂150～180mL

※瓶喂或亲喂的量，依每个宝宝的需求而不同，表格中数字仅供参考。

辅食第一阶段，宝宝的饮食重点

　　这个阶段的宝宝，吃辅食的重点是在训练咀嚼、吞咽能力，刚开始少量尝试，吃了几次后若宝宝越吃越好，就能再增加分量。喂食时可以五谷类、蔬菜类、水果类来均衡摄取，而这阶段刚开始都是先以五谷类为主（米汤→米糊→十倍粥→七倍粥），无不良反应后就可以再增加一种蔬菜泥来喂食。

添加辅食的注意事项

1. 一次建议只喂食一种新的食物，由少量（一小匙=5mL）开始，浓度由稀渐渐变浓。

2. 吃新的食物时，要特别注意宝宝的排便、皮肤状况，喂食3天无异状再换新的食物。

3. 辅食要盛装于碗或杯内，以汤匙喂食，不要用奶瓶喂。

4. 制作时要以新鲜、天然的食物为主，尽量不用调味料，因为太咸或太甜会增加肾脏负担。

5. 制作时要注意卫生，食材、双手、器具都要洗干净。

◎ 4～6个月搭配食材

类别	食材	说明
五谷类	米汤、米糊、十倍粥、七倍粥	添加蔬菜泥、水果泥的时候，可以用七倍粥来搭配，例如：七倍粥+高丽菜泥
蔬菜类	高丽菜、胡萝卜、绿花椰菜、白花椰菜、南瓜、青江菜、马铃薯、地瓜、菠菜、小油菜、地瓜叶、油菜、苋菜、大白菜、小白菜、空心菜、冬瓜、甜椒、洋葱、甜菜根、番茄、茭白、茄子、芦笋、黑木耳、玉米、芥菜	用搅拌器或调理机、果汁机，打成泥状食用，一次只试一种食材
水果类	苹果、木瓜、香蕉、梨子、莲雾、葡萄、酪梨、番茄	4～6个月前水果可以先蒸熟食用。使用搅拌器或调理机、果汁机，打成泥状食用，或是用汤匙刮取果肉、磨成水果泥

从流质食物，进阶到半流质食物

初期先给予十倍粥（米汤、米糊都可以），食用3～5天后，若十倍粥吃得还不错，就可以开始考虑添加蔬菜泥，接着再添加水果泥。重点就是以稀→浓的浓稠度来给予。有些家长会想给宝宝喝果汁，应以果汁:水=1:1或1:2的比例稀释后饮用。

举例来说，宝宝吃十倍粥3天后，若不会过敏，就可以尝试七倍粥，并再加入一个蔬菜类来食用，每次加量可以加15mL。但要注意，每次试新食材要以一种为主，试了没问题再同旧食材混合食用。

▲宝宝开始吃七倍粥后，就可以加入一个蔬菜泥来搭配食用。

注意 NOTE
● 米汤：十倍粥煮好后，最上层的汤就是米汤。
● 米糊：将十倍粥打成泥，就是米糊。

食材添加说明

- 初期食用：十倍粥（15mL）
- 添加新菜：七倍粥（15mL）+蔬菜泥A（15mL）
- 添加新菜：七倍粥（15mL）+蔬菜泥B（15mL）
- 旧菜混合：七倍粥（15mL）+蔬菜泥A（15mL）+蔬菜泥B（15mL）

※若宝宝吃得还不错，就可以把分量或种类慢慢增加。

分量不勉强，吃多吃少没关系

一开始先从一小匙（5mL）开始给予，目的不是为了吃饱，而是在训练宝宝咀嚼吞咽功能，不用刻意勉强吃多少。此阶段一餐给予15~60mL，若宝宝能吃完就很厉害了，但若宝宝不想吃也没关系，吃多吃少都不要勉强，只要成长曲线有上升就不用特别担心。

有些家长会问我，每次把汤匙放到宝宝嘴里，宝宝就吐出来不吃，对辅食接受度不高怎么办？如果是刚开始吃辅食的宝宝，有可能是还不习惯汤匙喂食而产生的吐舌反应，家长可以把汤匙放在舌头正中间，让宝宝比较能顺利吞咽。甚至有时可能是因为粥类没味道，所以宝宝接受度不高，所以可搭配甜甜的地瓜泥、南瓜泥给宝宝试试看，或许能提升宝宝的接受度。

喂食时请不要强迫宝宝，用餐不应该有压力，要在轻松愉快的气氛下进行，如果宝宝不喜欢吃，就停3~5天再喂食看看。尝试几周后，若宝宝还是不接受辅食，满6个月后可以试宝宝主动式断奶（P.55）。

▲宝宝愿意吃辅食就很棒了，不用刻意去勉强他们吃的分量，吃多少其实都没关系。

7~9个月，煮出营养美味的辅食

给餐次数	每日1~2餐辅食
给餐时间	早餐或午餐，其中一餐辅食可取代一餐奶
食物形态	糊状半流质，渐渐到半颗粒的固体状

　　这个阶段的辅食，主要是在让宝宝练习用嘴咀嚼食物，甚至用舌头来压碎半颗粒的固体食物，因此食物给予的形态可以七倍粥渐渐到五倍粥，略带有颗粒感的来尝试。这个时候宝宝从母体中摄取的铁质也逐渐减少，因此要尽量多补钙、铁、蛋白质，所以可以吃蛋黄、开荤（吃肉）啦！此阶段的辅食变化越来越多了，除了五谷根茎类之外，还要再搭配蔬菜泥、水果泥、肉泥，例如尝试吃一些白肉鱼、鸡肉，或是熬煮高汤给宝宝搭配食用。

育儿作息参考

　　这个阶段的宝宝，辅食的种类、分量已逐渐增加，吃辅食不错的宝宝，差不多到8个月时，一餐都能吃到120~180mL，能取代一餐的奶量了，因此原本14：00会给的奶，我就会用辅食取代，建议先减少一餐即可，下午16：00时则看宝宝状况，给予少量或完整一餐。1岁以前，宝宝的主食仍然是以母乳或配方乳为主，辅食只是辅助用，就算吃得少也没有关系。

◎作息时间参考

时间	宝宝作息
AM06：00	喝奶，亲喂或瓶喂，瓶喂200~250mL
AM10：00	喝奶，亲喂或瓶喂，瓶喂200~250mL
AM12：00	吃辅食，完整一餐（180~200mL）
PM16：00	吃辅食，依宝宝需求，少量给予或完整一餐
PM18：00	喝奶，亲喂或瓶喂，瓶喂200~250mL
PM22：00	喝奶，亲喂或瓶喂，瓶喂200~250mL

※瓶喂或亲喂的量，依每个宝宝的需求而不同，表格中数字仅供参考。

辅食第二阶段，宝宝的饮食重点

这个阶段，辅食的分量可以渐渐将五谷类增加到80mL，蔬菜泥可增加到30mL，水果泥、肉泥可增加到15mL，实际的分量会依宝宝的食量来增减，主要希望各种营养能均衡摄取。

这时宝宝蛋白质、铁质需求渐渐大增，因此食材的选择也更多样化了，可以先从蛋黄给予，吃过没问题后再试白肉鱼（鳕鱼、鲷鱼等），然后再尝试少量的豆腐或鸡肉。肉类试过没问题后，就能用蔬菜高汤、肉类高汤来煮粥给宝宝吃。

▲这个阶段的宝宝，在饮食上可以搭配高汤，可食用的食材也更多样化。

添加辅食的注意事项

1. 水果可以选择容易处理、农药污染概率较少的食材，例如橘子、橙子、番茄、苹果、香蕉、木瓜等。

2. 此阶段可以加入蛋、鱼、肉，挑选时必须以新鲜为主，烹煮时一定要煮熟。

3. 食用白肉鱼的时候要注意鱼刺，或是直接买生鱼片来烹煮。至于鸡肉、猪肉，则可以先从选择油脂少的部位来开始。

4. 蛋黄泥可以用水煮蛋，取出蛋黄后用汤匙压碎即可，但此阶段不建议给予蛋白，建议10个月以上再少量尝试蛋白！

◎7～9个月搭配食材

类别	食材	说明
五谷类	七倍粥、五倍粥、各种谷类（燕麦、荞麦、小米等）	七倍粥、五倍粥略带颗粒感，可以让宝宝开始尝试食用，训练咀嚼能力
蔬菜类	第一阶段可食用的蔬菜类都能吃：莴苣、小黄瓜、大黄瓜、青椒、红黄椒、芥蓝、秋葵、毛豆、芹菜、韭菜、豌豆仁、丝瓜、苦瓜、豆腐、莲藕、山药、黑芝麻、白木耳、枸杞、香菇、金针菇、杏鲍菇	蔬菜类仍以泥状为主，已经吃过没问题的旧食材，可以混合搭配
水果类	第一阶段可食用的水果类都能吃：草莓、西瓜、橘子、葡萄柚、橙子	水果类可以泥状、果汁（水：水果＝1:1或2:1）给予，已经吃过没问题的旧食材，可以混合搭配
蛋肉类	蛋黄、奶酪、鸡肝、鲑鱼、白肉鱼（例如鳕鱼、鲷鱼）、鸡肉、猪肉、肝、牛肉、高汤（鸡汤、鱼汤、昆布汤等）	先尝试蛋黄，没问题后再试白肉鱼，再试少量的鸡肉、猪肉，最后试少量牛肉

半流质食物，进阶到软质固体食物

　　若宝宝辅食吃得不错，可以渐渐增加量和品种，食材的质地也要慢慢进阶到七倍粥、五倍粥等软质的固体状，而蔬果仍以泥状为主，例如用五倍粥搭配蔬菜泥、水果泥，也可以加入肉泥、蛋黄泥，食材的添加要以让宝宝均衡摄取各类营养（蛋白质、矿物质、维生素、碳水化合物）为主。

▲这个阶段宝宝终于开荤了，可以先从白肉类（例如鲑鱼）开始尝试。

食材营养说明

- **五谷类**：富含糖类、蛋白质、B族维生素、纤维质。
- **蔬菜类**：富含多种维生素、矿物质（例如维生素A、维生素C）、纤维质。
- **水果类**：富含多种维生素、矿物质（例如维生素A、维生素C）、水分、纤维质。
- **蛋肉类**：富含多种维生素、矿物质（例如铁质、钙质、B族维生素、维生素A）、蛋白质、脂肪。

※一餐建议包含以上四种营养。

添加高汤，营养又美味

这个时期宝宝已尝试过许多食材，因此可用肉汤、蔬菜汤来增加辅食的多样性了！为什么要搭配高汤呢？例如我们煮七倍粥、饭、面时，通常都是用水来煮，如果把水换成高汤，就可以再增添一些营养和味道（此时仍不需要放任何调味料，以原味为主），这样不仅丰富了辅食，也因为熬煮的高汤已带出食材天然的鲜甜味道，用它来煮辅食能让宝宝更有兴趣尝试，吃得也更营养。

煮好后把食材滤掉，剩下的就是我们要的高汤，可以放入冰砖里，放入冰箱冷藏备用，大约可保存2周，而滤掉的食材，可以给大人吃，不要浪费。

高汤烹煮说明

- **蔬菜高汤**：请以宝宝试过、不会过敏的蔬菜来熬煮，可以选择洋葱、番茄、玉米、苹果等较有味道的天然食材来熬煮。
- **肉类高汤**：煮肉类高汤时，先把骨头冲洗干净并氽烫后，再开始熬煮。冷水的时候就放入骨头，煮到水滚才能将血水慢慢排出。

※高汤食谱详见P.118

注意 NOTE
高汤只是用来替代煮辅食时"水"的功能而已，例如用来煮面、煮粥或煮蛋。搭配高汤后，还是要吃蔬菜泥、水果泥、五谷根茎类，不是吃了高汤就不用吃这些食物泥了！

10~12个月，离乳后期更要注重营养

给餐次数	每日2~3餐辅食
给餐时间	午餐、晚餐，各取代一餐奶
食物形态	固体状食物、小丁状为主，例如胡萝卜丁

这个阶段宝宝可以开始用牙齿去咬食物了，以五倍粥或三倍软饭甚至一般米饭来喂食宝宝，可以将花椰菜或胡萝卜切成小丁状，而蔬菜水果仍是以泥状来搭配。手指食物、零食点心也能少量给予，渐渐地让宝宝开始习惯固体状食物，因为1岁后就开始要脱离辅食阶段，奶类将退居为辅食，而三餐要换成主食了！

育儿作息参考

宝宝的食量大约已逐渐稳定，可以给予到完整两餐的辅食，并减掉两餐奶，夜奶则依孩子的状况看是否给予，有些宝宝甚至从11~12个月开始，变成只需要早、晚各喝一次奶，而辅食渐渐变成早、中、晚共三餐。

▲给予宝宝手指食物，也能训练他们的抓握能力！

◎作息时间参考

时间	宝宝作息
AM06：00	喝奶，亲喂或瓶喂，瓶喂200~250mL
AM10：00	喝奶，亲喂或瓶喂，瓶喂200~250mL
AM12：00	吃辅食，完整一餐（220~300mL）
PM17：00	吃辅食，完整一餐（220~300mL）
PM22：00	喝奶，亲喂或瓶喂，瓶喂200~250mL

※瓶喂或亲喂的量，依每个宝宝的需求而不同，表格中数字仅供参考。

辅食第三阶段，宝宝的饮食重点

这个阶段可以准备一些小丁状、仍有软度的食材，例如煮熟、煮软的胡萝卜条，这样能训练宝宝用牙龈来压碎食物。除了喂食宝宝之外，也可以开始渐渐让宝宝拿餐具，训练自行用餐，能顺便训练宝宝手眼的协调度。

添加辅食的注意事项

1. 尝试给予小丁状食物，目的在于训练宝宝用牙龈压碎食物。
2. 烹调食材时，仍以清淡、原味为主，才能避免增加宝宝的身体负担。
3. 糖果、花生、椰果仍不适合宝宝吃，请避免食用。
4. 此阶段仍不宜喝鲜奶、吃蜂蜜，建议1岁以后再尝试。

◎10～12个月搭配食材

类别	食材	说明
五谷类	各种谷类（米、燕麦、荞麦、小米等）煮成稀饭或软饭	开始尝试稀饭、软饭这些固体食材
蔬菜类	基本上所有蔬菜类都可食用	可以制成泥状，也可剁碎后食用，例如将胡萝卜切成小碎丁状
水果类	基本上所有水果类都可食用	可以制成泥状，或有点小颗粒状，不用打得太细碎
蛋肉类	第二阶段可食用的蛋肉类都能吃，蛋白也可开始少量尝试	烹调时要注意避免鱼刺、骨头等问题，且仍以清淡为主，不要加调味料

从软质固体食物，到丁状固体食物

宝宝的咀嚼吞咽功能，已经越来越熟练了！家长们可以自制手指食物给宝宝拿取，例如小块鸡肉、熟香蕉切片、熟胡萝卜条、熟地瓜条等，但是给予时要注意，别让宝宝呛到！除此之外，有些家长会给宝宝吃糖果，这种硬、圆的食物请不要给予，因为很容易卡嗓子！

这个阶段的宝宝，准备要衔接正常的三餐饮食，蔬菜、水果可以打成碎丁状，或是用一碗稀饭来搭配细碎的综合蔬菜、细碎蛋肉等，让宝宝摄取均衡的营养。

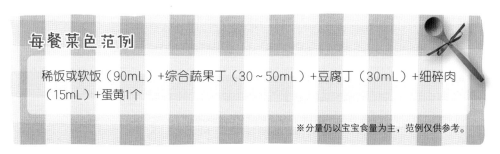

每餐菜色范例

稀饭或软饭（90mL）+综合蔬果丁（30～50mL）+豆腐丁（30mL）+细碎肉（15mL）+蛋黄1个

※分量仍以宝宝食量为主，范例仅供参考。

训练自行吃饭，宝宝吃得好开心

这个时期可以开始训练宝宝自行吃饭了，例如给予手指食物就是不错的选择，这类食物可以适合宝宝手抓，让他们练习自行用餐，训练拿取与抓握能力，通常为条状、片状、颗粒状的食物（P.128）。

但是让宝宝自行吃饭，一定要有心理准备，就是他们可能会吃得乱七八糟，地板会脏兮兮，因此我建议可以在地板上铺野餐垫，而桌上用防滑碗、防滑餐垫。当然，一个接饭的围兜也是必备的，万事准备齐全后就尽情让宝宝用餐吧！

自行吃饭建议工具

1. 地板上铺野餐垫，可以直接拿起冲洗很方便。
2. 使用防滑、吸盘式的餐垫，好清洗又能接住掉下的食物。
3. 给宝宝戴上一个可接饭粒与菜渣的围兜也是不错的。
4. 防滑的餐盘、餐垫、碗，可以让后续清理更容易。

1岁后，孩子吃饭的这档事

给餐次数	一日三餐，早餐、中餐、晚餐
给餐时间	奶类退居为辅食，辅食变成主食
食物形态	清淡为主，不要过多调味

1岁后，辅食跃升成为主食，早上可以再加个早餐，例如馒头、面包甚至自制蛋卷、蛋饼等，跟成人一样，每天吃完整的三餐。但是不要以为孩子的饮食上就可以大解禁了，建议还是以清淡为主，这个时期的饮食依然要掌握几个原则：避免过油、过甜、过咸。我不想要他们吃到调味丰富的食物后，以后就养成重口味的习惯，所以除了考虑到钠含量的问题，"重口味"一直是我很害怕的事。

育儿作息参考

满1岁后，我的两个孩子都习惯早上5—6点先起来喝一次奶（母乳），然后睡到早上7—8点起来吃早餐，接着便是晚上睡前再喝奶。这个时候三餐是主食，而奶退居成辅食，当三餐正常吃的时候，奶类喝得多少也不重要了，依孩子需求添加即可。

▲1岁后虽然宝宝的饮食大解禁，但仍要以清淡为主，若给予零食点心，也尽量自制比较健康。

◎作息时间参考

时间	宝宝作息
AM05：00	喝奶，亲喂或瓶喂
AM07：00	早餐时间
AM11：00	午餐时间
PM17：00	晚餐时间
PM22：00	喝奶，亲喂或瓶喂

辅食阶段结束，宝宝三餐饮食重点

1岁后，我家孩子在食物上可以说是大解禁，几乎是跟着大人吃，顶多再备个食物剪将食材剪碎后，再让他们食用。但是何谓跟着大人吃呢？并不是大人吃什么，他吃什么，依然要掌握以下几个原则。

三餐饮食重点

1. 饮食仍以清淡为主，避免过油、过甜、过咸。
2. 尽可能不给油炸物，如果食用，也要把外皮通通去掉。
3. 生鱼片等生食尽量不要给，因为生食细菌多，孩子的肠胃还没发展到可以面临这些挑战。
4. 给孩子零食，建议以婴儿零食为主，因为糖分、盐分都低，不要买市售的一般零食，也可以自制本书所介绍的零食点心给孩子吃。

三餐正常吃，遇到外食尽量稀释

外食考虑到大众口味，所以真的都不会太清淡。吃外食的时候，我都会尽可能去稀释，例如吃拉面，我习惯水:汤=1:1或2:1的方式稀释后给小孩吃，毕竟汤头真的很浓，对于孩子来说口味太重了，肠胃可能无法负担。我家小孩也一直到2岁以后才开始喝养乐多的，同样都是以水:养乐多=1:1或2:1的方式稀释。

但是也有无法稀释的时候，例如外食碰到肉臊饭怎么办？送上来的时候通常都是尚未搅拌的状况，所以我都会尽量先挖较白的部分给小孩吃。万一遇到真的没办法稀释的外食，那就只好开放食用，因为顶多一餐而已，不是每天都这样吃。除此之外，我并不会去禁止小孩吃零食点心，但我不会给市售的饼干零食，而是以婴儿零食（米饼、蔬菜饼等）为主，因为婴儿零食比较清淡，或是自己给小孩做一些简单的零食点心。

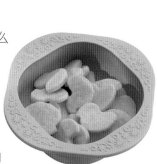

从小就开始，培养良好的吃饭习惯

良好的吃饭习惯，其实是需要从小开始培养的，很多事情是一种习惯，更是一种默契，良好吃饭习惯的养成，不管到哪都受用。你想当个追着孩子喂饭的妈妈，还是当个与孩子一起优雅用餐的妈妈？我建议要养成孩子良好的用餐习惯，可以掌握以下几个原则。

以下这些方法其实都可以弹性运用，因为每个孩子的个性不同，我接受孩子说不的权利，但是也要有不浪费食物、为自己行为负责的观念。食物是用来"吃"的，不是用来玩的，当孩子已经2岁后，吃饭时更要专心，我很不喜欢玩食物这件事，尤其是当自己是下厨者时，我用心下厨，孩子却玩食物，不只浪费，也让下厨者伤心。从孩子一知半解开始，就应该纠正玩食物的观念，而用餐时更不能边吃边玩，因为吃饭是件享受的事，而不是拖延时间的事！

让孩子习惯坐在餐椅用餐

从宝宝吃第一口辅食开始，就要让他们在固定的地点、坐在固定的椅子上用餐，养成"吃饭就是得坐好"的习惯，不要今天抱着喂，明天在椅子上喂，后天又可能是一边玩玩具一边喂的情况。让孩子固定用餐的环境和姿势，养成良好的用餐习惯，不管在家里还是在外用餐，爸妈也会轻松许多。

饭前两小时不要给零食点心

每个人的胃容量都是固定的，多塞了零食点心，就会少吃正餐，而相较之下正餐反而比零食更重要。在大宝时期，我还是个上班族，因此自己做零食点心的用意，是为了让长辈不乱喂，所以坚持自己做，但也会和长辈协调好给孩子零食点心的时间。

后来生了二宝，我变成全职妈妈，其实就很少做零食点心了，因为在辅食时期，孩子吃三餐吃得很好，我只有出外的时候为了安抚，才会准备饼干零食给孩子吃，但一样坚持少油、少盐、少糖的原则。现在老大4岁了，有时候还等不到晚餐就肚子饿，他会喊着要吃零食，这时我便会和他约法三章，条件就是一样要吃完晚餐，否则下次便不再给予零食点心。

孩子不吃饭？用餐时间过就把食物收走

有些家长会跟我说，小孩吃饭吃得很慢怎么办？骂也不行，讲道理也没用，甚至有些孩子吃饭要吃2～3小时！其实相较于从6：00喂到9：00的方式，我的做法是用餐时间一过（例如设定1个小时），就把食物收走，让孩子试试看饿肚子的感觉（饿一餐其实不会怎么样）。

当然，收走食物后到下一餐前，就不再给予任何食物（包括水果），这时他们饿肚子的话，只能喝水充饥。这个目的是在让孩子为自己的选择负责，既然你觉得吃饱了，就不应该在下一个小时又肚子饿，毕竟你碗里的量没吃完。当孩子2岁之后，家长可以试看看这样的方式，但还是要依孩子的情况来评估，如果孩子是生病或有其他原因影响胃口，就不适合用这个方法。

Q&A达人来解惑！
辅食问题全攻略

Q 宝宝只爱吃糊状、泥状食物怎么办？

A 每个宝宝在不同阶段，可能都会有偏爱的食物，父母们可以试着一步步调整，例如打糊的时候可以不要打得太稠、太细，如果本来打2分钟，可以试着打1分钟，慢慢微调一下辅食的制作方式，并观察宝宝是否接受。

Q 幼儿托管中心的辅食中，都会加点盐怎么办？

A 其实有些医生的书里也写过，加少量的盐也无妨，如果遇到真的不爱吃清淡口味的宝宝，为了让他能多少吃一点辅食，加少量的盐是还能被接受的。

我们自己动手制作时不加盐，除了是想减少宝宝的肠胃负担外，让他们不要习惯重口味的饮食，也希望他们能去享受最天然的原味，而且宝宝的器官尚未发展成熟，正常情况下还是不建议调味的。

Q 宝宝什么时候可以从糊状、泥状，进阶成颗粒状？

A 观察宝宝的咀嚼能力、长牙状况，以及转变后是否能消化，我家老大当初从食物泥转颗粒、转粥的时候，因为我还是个上班族，所以我是请家人特别注意他的排便状况，看看食物是否消化，若连续一周都是排出来同形状的食物，就代表食材可以再剪细碎一点，通过这样的观察来慢慢测试。

我不建议一直吃食物泥到长牙，因为宝宝不一定要长牙才能咀嚼，他们的牙龈其实是很强韧的！

Q 什么时候该让孩子自己学习吃饭？

A 6~8个月的时候，是最想抢汤匙的阶段，这时候不妨准备一个小汤匙给孩子喂食，效果会更佳。若还有抢汤匙的动作，其实就可以试着在给予部分餐点的时候，让宝宝自己用餐，虽然自行用餐让父母最头痛的就是清洁问题，可能地板、桌上、衣服，甚至脸、全身都会脏兮兮的，但这个过渡期1~2个月就会过去，当宝宝学会自己吃饭的时候，父母就会轻松不少！

★准备工具

地板铺地垫，穿上长围兜，戴上软围兜，桌上用餐垫、餐盘，或是放上桌垫，这样层层防护下来，其实还算好清理！

Q 吃辅食要喝水吗？要喝多少水？

A 宝宝还没开始吃辅食的时候，并不用给他们喝水，因为母乳、配方奶都含大量的水分。吃辅食后，就可以开始给宝宝练习喝水，我的方式是吃完辅食就拿水杯给宝宝玩，刚开始一定喝不到，单纯练习喝水而已。那么该喝多少水量呢？比较简单的计算方式就是，你一餐喂宝宝吃多少辅食，就给差不多等量的水。要注意的是，不是一次给足所有的水，是以少量多次、想到就给的方式，一整天下来分次补充到差不多的水量。

如果没喝到那么多也没关系，若是宝宝本来便便就都糊的、泥的、软的，那只练习喝水就行，不用硬给那么多水，甚至只喝几口水也没关系。因为主食的母乳或配方奶含有大量的水分，这时候只是让孩子练习喝水，所以一开始不一定喝得到，也不一定非喝多少。

★范例说明

1. 若一餐辅食吃20mL，那一天下来就分次补充20mL的水。
2. 若一天两餐辅食，一餐吃60mL，就喝60~80mL的水。

Q 手指食物、固体水果，什么时候可以给予？

A 当宝宝表现出爱啃啃咬咬，喜欢吃手指的时候，就可以给他们了，甚至可以亲身示范，教他们怎么咬、怎么吃。但是一定要随时在旁边观察，否则容易噎到，一定要特别小心！（当妈之后，就觉得婴儿海姆立克法十分重要呀！）

Q 高低敏食材要怎么试？

A 书里有附上高低敏食材表，但是每个宝宝身体情况都不相同。会列在低敏的食物，是普遍来说不容易造成过敏的食材，若宝宝是高过敏族群或家里有过敏史，建议在试食材的时候都少量尝试，且先从低敏食材开始尝试，一次只试一种，这样比较好确认过敏源。

Q 有人说冰砖像隔夜菜，所以没营养。

A 冰砖并没接触到口水，不算是隔夜菜！况且并不是每个家长都能现煮辅食，上班族父母只能一周准备一次辅食，所以使用冰砖是最简单的方式。当然，如果全职妈妈们能每天现煮辅食，一定是最好、最营养的，每个妈妈都尽力想给孩子最好的，而职业父母使用冰砖的方式也很好，我自己两个小孩也都是吃冰砖长大的，营养摄入量足够。

Q 吃多少辅食可以减少一餐奶量？

A 当宝宝辅食一餐能吃120～150mL的时候，就可以试着减少一餐奶量，再观察辅食吃完后到下一餐喝奶前，是否会饿。若是没有，就代表可以直接替换掉一餐！

Q 各月龄宝宝，辅食的建议分量？

A 其实这就跟奶量表一样，仅供参考，因为每个宝宝的食欲、胃口都不一样，所以仅供参考！通常只要宝宝能吃饱，就算吃得少也没关系；当然，如果宝宝吃不饱，要加量也可以，所以表格可以依自己孩子的实际情况来调整。

各月龄宝宝辅食分量参考

宝宝月龄	建议分量
4～6个月	一餐15～60mL，一天一餐辅食
6～8个月	一餐60～150mL，一天一餐辅食
8～10个月	一餐150～220mL，一天两餐辅食
10～12个月	一餐200～280mL，一天三餐辅食

Q 孩子吃辅食，便秘了怎么办？

A 一般来说，吃辅食便秘的原因，有可能是因为缺乏油脂。因为进入辅食阶段，开始吃了少量的菜泥、果泥等富含纤维质的食材，这些食材停留在肠道里又缺少油脂润滑，就容易累积变成宿便，累积越久就越干硬，不容易排出而造成便秘的状况。

父母们可以在加热好的辅食里滴上几滴油（酪梨油或橄榄油）。刚开始可以从1滴开始让宝宝适应，若是有便秘状况则加2～3滴油，这样除了可以帮助宝宝脑部发育，也能有润肠的效果。若是已开荤的宝宝，则可以吃一些肉类的油脂，或是鸡汤、猪软骨汤等。

▲ 宝宝若是有便秘的情况，可以熬一些肉类高汤添加到辅食里。

Q 什么样的食材适合做成冰砖呢？

A 食材大致上可以分成五谷、叶菜、根茎、水果、肉类、高汤这几类，其中水果不建议制作成冰砖，因为新鲜现切的水果营养价值会比较高，可以用小汤匙刮出水果泥搭配一些果汁喂食，这样宝宝接受度也很高。另外要特别注意，冰砖保存期限是1周，最好制作后尽快食用完毕！

各类食材处理方式

种类	处理方式
叶菜类	新鲜的蔬菜洗净，只留叶子部分，舍弃纤维粗的菜梗后，放入锅中用水煮沸，再取出打成泥，倒入辅食储存盒中，放入冰箱冷冻
根茎类	这类食材因为比较硬，建议蒸熟去皮后，加一点水打成泥状（例如胡萝卜泥、马铃薯泥），倒入辅食储存盒中，放入冰箱冷冻
水果类	加热可以去除过敏源，电锅蒸熟后加一点水打成泥，或是用小汤匙刮取食用，不建议冷冻，要以新鲜为主
鸡肉类	切小块后，加点水打成泥状，倒入辅食储存盒中，放入冰箱冷冻
鱼肉类	鲷鱼、鲑鱼可直接买生鱼片，这样就不怕有刺，切小块直接放入冰箱，因为制成冰砖解冻后怕有腥味。食用时和冰砖一起加热，再切细碎放入食物泥里即可
高汤类	制作好过滤掉食材后，直接倒入辅食储存盒中，放入冰箱冷冻

Q 现煮派和冰砖派，哪种比较好？

A 食材一定是现煮比较营养，有时间的父母可以现煮，例如将胡萝卜、苹果蒸熟后，再加入七倍粥一起打成泥。至于冰砖，则是给没时间的父母使用，事先将食物搅打成泥后，倒入辅食储存盒中，放入冰箱冷冻，每次假日事先做好1周的分量，食用时再蒸熟加热，非常方便。没有特别说哪一种派系比较好，要看哪种方式最适合你，就用哪种方式，父母只要用心制作辅食，宝宝都吃得到父母给予的爱。

Q 外出时怎么携带辅食？

A 外出时怎么带辅食，是最多人询问的问题，其实并不难，主要依孩子的年龄可分为3个阶段。

1.月龄小的宝宝（辅食初期）

4~6个月的宝宝，辅食一餐只吃30~50mL，偶尔一餐辅食不吃也是可以的，例如假日出游或逛街，并不需要特别准备，因为1岁前的主食还是奶。

2.可以吃完整一餐辅食（辅食中期）

这个阶段的孩子，要用餐的时间就是大人们用餐时间，我不建议吃外食，所以父母们要自己携带辅食外出，有以下的方法可参考，依你觉得方便的方式进行即可。

◎外出辅食准备方式

❶带闷烧罐，里面已闷好大米或小米粥（可以加些胡萝卜丝），闷烧罐煮辅食可参考P.56。

❷拿出家里的冰砖，放入保冷袋里，周围铺上冰宝，到餐厅可以请工作人员加热。

❸在家先行将冰砖加热后，再放入保温罐里直接带出。

❹准备一些白馒头、白奶酪或水果当宝宝的

一餐。

★轻松把冰砖带出门

1. 准备约10个冰宝，然后将冰砖分别取出，并且用保鲜袋一餐餐分装好。

2. 取一个保冷袋，将底部、周围都铺满冰宝，并将放入保鲜袋的冰砖摆入，最上面也放2~3片冰宝。

3.1岁后的孩子（辅食后期）

1岁后的孩子用餐，仍要以少油、少盐、少糖为原则，一般来说若父母没特别准备外食，尽量可以先把炒菜中的菜过一下水，或是点菜的时候尽可能请店家以少油、少盐方式烹调。一般来说，我还是会准备白粥，然后点个烫青菜之类的替代一餐。

Q 宝宝不吃食物泥，一口都不吃怎么办？

A 有些朋友问我，宝宝不吃食物泥怎么办？其实母乳宝宝他们对吃很有自主权，会决定自己要何时吃，或是该吃多少，所以会排斥吃食物泥。国外很流行另一种喂食辅食的方式，称为Baby Led Weaning（BLW），意思就是让宝宝享有对"吃"的自主权，辅食不需刻意打成泥状，而是提供软质、手指大小的食物给宝宝自己抓握进食。该派系的父母认为，宝宝其实可以学会吃固体食物，而不需要吃泥状的食物，例如可以提供他们吃蒸熟的青花菜、胡萝卜、香蕉等蔬果，这样还能顺便训练他们的抓握能力。

★BLW注意事项

1. 建议6个月以上，等宝宝比较可以坐直在餐椅上的时候再来尝试。

2. 给予食材时一定要在旁观察，小心别让宝宝噎到。

3. 提供的食材以压软烂、软泥状的手指食物为主，例如胡萝卜条、香蕉块、面包块等，这样能帮助宝宝自行进食。

Q 怎么用闷烧罐闷辅食？

A 宝宝辅食阶段，除了搅拌棒、调理机、切碎盒之外，闷烧罐也是不可缺少的工具，它是靠闷的方式去闷熟食物，所以瓶内的温度、食材的易熟度都很重要，如果今天你选择的是本来就不易煮熟的食材，我会建议先烫个7~8分熟再放入罐子里，但通常我会避开这些食材，而以易熟的为主。虽然外出时用闷烧罐闷辅食，煮白粥、煮易熟品都很简单方便，可是因为它是用闷煮的方式，所以还是有些小技巧要注意。

★闷烧罐闷辅食注意事项

1. 因为是用闷煮的方式，水分容易失去，所以通常比用锅煮多加一些水。

2. 热瓶的动作十分重要，目的是让食材放入罐子前，罐子进行预热。

3. 不易煮熟的食材，建议先烫个半熟再放入闷煮。

4. 水可以置换成高汤，但一样要100℃的开水！

5. 若想放入的食材过多，也要稍微烫过后再放入罐里，以免一次放入太多冰冷的食材，降低罐内温度。

Q 可以分享一下闷烧罐的食谱吗？

A 我觉得闷烧罐是很好的工具，有一阵子小孩肠胃型感冒，我一直处在换尿布跟照顾孩子中，常常就直接早上洗了两餐的大米，丢入闷烧罐里闷煮，然后中午的时候倒一半出来，另一半就可以继续保温，两餐下来十分方便。但是如果要变化较多的粥品，我觉得还是不适合，若只是简单白粥、简易餐点的话，其实算是携带比较方便的。

★闷烧罐煮白粥食谱范例

1. 将闷烧罐和大米洗净备用，再把煮沸的热水倒入闷烧罐中。

2. 盖上盖子等3～4分钟后，摇一摇再将水倒掉（热瓶的动作）。

3. 倒入洗净的大米，再倒入适量滚沸的水（1:5～1:6的水）。这样煮1～2次，其实就可以得到自己想要的浓稠度，水通常是加5～6倍，因为我大概都会闷3～4小时，这样闷出来差不多是四倍粥到五倍粥的稠度。

4. 盖上盖子后，再闷3～4小时即可。

红豆小米粥

材料

红豆1小碗、小米半碗、热水150mL。

做法

❶ 红豆放入闷烧罐里，并加入滚沸热水，盖上盖子并摇晃静置30分钟，再将水倒掉。

❷ 将小米也放入罐中，再加入150mL的热水，并盖上盖子闷煮4～5小时后即可。

番茄蔬菜炖饭

材料

大米60mL、番茄半颗、高丽菜少许、高汤100mL、奶酪片1片。

做法

❶ 大米洗净浸泡1小时，番茄、高丽菜切丁备用。

❷ 水加热至滚沸后，倒入闷烧罐里，盖上盖子并摇晃静置15分钟后将水倒掉。

❸ 将大米、高丽菜、番茄加入闷烧罐中，加入100mL的热水，并搅拌食材。

❹ 最后倒入滚沸的高汤，放入奶酪片，盖上盖子闷煮3～4小时即可。

姜丝鱼片粥

材料

大米60mL、姜丝少许、鲜鱼片4～5片。

做法

❶ 大米洗净浸泡1小时，备用。

❷ 鱼片放入闷烧罐内，再加入滚沸的水倒入闷烧罐里，然后盖上盖子并摇晃，静置15分钟后，再将水倒掉。

❸ 大米、姜丝放入罐里，再加入30mL的热水并搅拌食材。

❹ 最后倒入滚沸的水300mL，并盖上盖子闷煮3～4小时即可。

木耳鲜菇小造型面

材料

造型面1小碗、小草菇2～3颗、木耳少许、高汤200mL、奶油少许。

做法

① 小草菇、木耳切丁备用，再将高汤加热至滚沸。

② 造型面以及滚沸的水倒入闷烧罐里，盖上盖子并摇晃静置15分钟后再将水倒掉。

③ 将奶油、木耳、小草菇放入闷烧罐中，加入部分高汤淹过食材，并搅拌食材。

④ 最后倒入剩下的滚沸的高汤，盖上盖子闷煮1小时后即可（过半小时可摇动一下）。

干贝小鱼米粉汤

材料

米粉1小把、小鱼干少许、干贝1颗、高汤100mL、热水100mL。

做法

① 干贝切丁备用，小鱼干跟米粉放入闷烧罐里，再将滚沸的水倒入闷烧罐约八分满，盖上盖子并摇晃静置15分钟后，将水倒掉。

② 把干贝也放入罐中，倒入100mL热水搅拌后，再倒入滚沸的高汤，盖上盖子闷煮2小时即可。

高汤豆豆粥

材料

大米60mL、毛豆少许、甜豆少许、蔬菜高汤300mL、胡萝卜少许。

做法

① 大米洗净浸泡1小时，豆类、胡萝卜切丁（或切碎）备用。

② 将滚沸的水倒入闷烧罐里，盖上盖子并摇晃静置15分钟后，再将水倒掉。

③ 大米、豆类、胡萝卜放入闷烧罐中，并搅拌一下，最后倒入滚沸的高汤，并盖上盖子闷煮3～4小时即可。

芋头肉末粥

材料

芋头丝少许、肉馅1小球、豆腐1小块。

做法

① 将洗净的大米与肉馅先放入闷烧罐中，然后倒入滚沸的水，盖上盖子5分钟后将水倒掉（重复2次）。

② 放入豆腐和芋头丝，再倒入滚沸的水（或高汤）装至七分满，最后盖上盖子闷3～4小时即可食用。

黑糖姜末地瓜甜汤

材料

地瓜半条、老姜少许、黑糖少许。

做法

① 地瓜去皮切丁、老姜磨末备用后，把地瓜放入闷烧罐中，倒入滚沸的水约装至八分满。

② 盖上盖子摇晃后，静置15分钟将水倒掉，再放入姜末、黑糖。

③ 最后倒入滚沸的热水150～200mL，盖上盖子闷煮3小时即可。

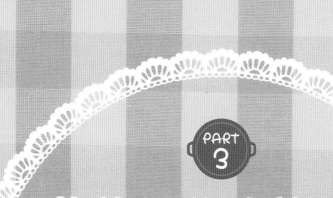

PART
3

营养与美味兼顾！
食物泥和饭面主食篇

宝宝开始吃辅食了！
除了营养美味的食物泥、饭面主食食谱之外，
再特别收录汤品类、高汤类食谱，让宝宝吃得开心、营养又健康！

食物泥

宝宝在4个月的时候，就可以尝试吃食物泥了，首先可以从十倍粥开始，3～5天后如无过敏现象，就可以再尝试其他的食材。

添加食物泥的时候要注意，一次试一种食物泥即可，不要混合喂食。当宝宝试了之后，3～5天无不适反应，再试其他食材，之后便可以将试过的食材混合喂食了。

十倍粥

4个月以上
容易消化

十倍粥就是米和水以1:10的比例来烹煮，最上层的水又称为米汤。

材料：
大米1小杯。

做法：
❶ 用小药杯或是小量匙，取大米1小杯，或用米杯装到刻度2的位置。
❷ 大米洗净后，倒入小锅中，加入10小杯水（与步骤1同量器）。
❸ 放入电锅中，外锅倒入1大杯水后按下开关。
❹ 开关跳起后再等待5分钟，即可起锅。
❺ 使用调理棒或调理机将其打成泥状。

小油菜泥

小油菜钙含量是菠菜2倍以上，可有效预防骨质疏松。

材料：
小油菜适量。

做法：
① 将小油菜洗净，切段备用。
② 用小锅煮水，待水滚后将小油菜烫熟，捞起放凉。
③ 将小油菜放入调理盆或调理机里，加入1小匙煮菜后的水。
④ 将其打成泥状即可。

4个月
以上
钙含
量高

红苋菜泥

红苋菜含有丰富的营养素，所含的铁质甚至比菠菜还多！

材料：
红苋菜适量。

做法：
① 将红苋菜洗净，切段备用。
② 用小锅煮水，待水滚后将红苋菜烫熟，捞起放凉。
③ 将红苋菜放入调理盆或是调理机里，加入1小匙煮菜后的水。
④ 将其打成泥状即可。

4个月
以上
铁含
量高

南瓜泥

4个月以上
提升免疫力

南瓜可有效提高人体的免疫力，制作时建议去皮去瓤，比较容易消化。

材料：
南瓜适量。

做法：
❶ 将南瓜洗净后，切块去瓤放入盘中备用。
❷ 将南瓜放入电锅中，外锅1杯水，按下开关蒸熟。
❸ 将蒸熟的南瓜放凉后去皮，打成泥状即可。

注意 NOTE
南瓜较黏稠，加点水会比较好打，或用汤匙按压成泥。

地瓜泥

4个月以上
纤维质高

地瓜拥有丰富的纤维质，除了有助于排便之外，还能有效预防癌症。

材料：
地瓜适量。

做法：
❶ 将地瓜去皮洗净，切块后放入盘中备用。
❷ 将地瓜放入电锅中，外锅1杯水，按下开关蒸熟。
❸ 将蒸熟后的地瓜放凉，打成泥状即可。

注意 NOTE
地瓜较黏稠，加点水会比较好打，或是用汤匙按压成泥。

小白菜泥

4个月
以上
帮助
消化

小白菜含丰富的膳食纤维，可以帮助消化，防止大便干燥。

材料：
小白菜适量。

做法：
❶ 将小白菜洗净，切段备用。
❷ 用小锅煮水，待水滚后将小白菜烫熟，捞起放凉。
❸ 将小白菜放入调理盆或是调理机里，加入1小匙煮菜后的水。
❹ 将其打成泥状即可。

芥菜泥

4个月
以上
预防
便秘

芥菜含有丰富的胡萝卜素、B族维生素、维生素C、铁，可以促进血液循环、预防便秘。

材料：
芥菜适量。

做法：
❶ 将芥菜洗净，切段备用。
❷ 用小锅煮水，待水滚后将芥菜烫熟，捞起放凉。
❸ 将芥菜放入调理盆或是调理机里，加入1小匙煮菜后的水。
❹ 将其打成泥状即可。

洋葱泥

洋葱富含维生素C，感冒的时候喝洋葱汤，很快就可以发汗、减缓感冒症状。

材料：
洋葱适量。

做法：
❶ 将洋葱去皮洗净，切丝备用。
❷ 放入电锅中，外锅半杯水蒸熟。
❸ 蒸熟后的洋葱，连同盘中的汤汁一起放凉，再将其打成泥状即可。

注意NOTE
洋葱、花椰菜、甘蓝、大头菜，属于十字花科蔬菜，正在哺乳的妈咪不适合吃太多，否则容易使6个月以下喂母乳的宝宝产生腹绞痛、潮红、哭闹不安等症状。

4个月以上
减轻感冒症状

苹果泥

苹果富含锌，又被称为"智慧果、记忆果"，有增强记忆力的功效。

材料：
苹果半个。

做法：
❶ 将苹果去皮洗净，切块放入盘中备用。
❷ 苹果放入电锅中，外锅半杯水，按下开关蒸熟。
❸ 将蒸熟后的苹果放凉，再加少许水将其打成泥状即可。

注意NOTE
苹果温热吃可避免过敏，而且煮过后营养素仍丰富。温热吃较不会使小孩手脚冰冷。

4个月以上
增强记忆力

花椰菜泥

4个月以上
提高免疫力

花椰菜维生素C含量高，有助于生长发育，还能有效预防感冒、提高身体免疫力！

材料：
花椰菜适量（白花椰菜或绿花椰菜皆可）。

做法：

❶ 将花椰菜洗净，切段备用。

❷ 用小锅煮水，水滚后将花椰菜放入烫熟，捞起放凉。

❸ 将花椰菜放入调理盆或是调理机里，加入1小匙煮菜后的水。

❹ 将其打成泥状即可。

> **注意NOTE**
> 青花菜指的是绿花椰菜，花椰菜指的是白花椰菜，这两种花椰菜对身体健康功效很好。

♥ 胡萝卜泥

4个月以上
提高免疫力

胡萝卜可促进肠胃蠕动、帮助消化，还能提高免疫力，改善贫血与眼睛疲劳等症状。

材料:
胡萝卜适量。

做法:
❶ 将胡萝卜去皮洗净，切丝备用。
❷ 胡萝卜放入电锅中，外锅放半杯水，按下开关蒸熟。
❸ 蒸熟后的胡萝卜放凉后，将其打成泥状即可。

注意 NOTE
富含胡萝卜素的食材（胡萝卜、南瓜、地瓜、木瓜等），吃多后可能会让皮肤看起来黄黄的，这对健康并无害，建议多晒太阳将胡萝卜素转化成维生素A即可。

♥ 空心菜泥

4个月以上
预防便秘

空心菜含有丰富的膳食纤维，可以促进肠胃蠕动，甚至能预防便秘、降低胆固醇。

材料:
空心菜适量。

做法:
❶ 将空心菜洗净，切段备用。
❷ 用小锅煮水，水滚后将空心菜烫熟，捞起放凉。
❸ 将空心菜放入调理盆或是调理机里，加入1小匙煮菜后的水。
❹ 将其打成泥状即可。

注意 NOTE
肠胃功能比较不好的人，若吃太多空心菜容易腹泻，要特别注意。

马铃薯泥

马铃薯维生素C含量高，钾含量更是香蕉的两倍，含丰富的食物纤维，能降低大肠癌罹患概率。

材料：
马铃薯适量。

做法：
❶ 马铃薯去皮洗净，切小块备用。
❷ 将马铃薯放入电锅中，外锅半杯水，按下开关蒸熟。
❸ 蒸熟后的马铃薯放凉，稍微加点水打成泥状即可。

4个月
以上
抗癌
功效佳

香蕉泥

香蕉能促进肠胃蠕动，也含有丰富的钾，能提高宝宝的专注力！

材料：
香蕉适量。

做法：
❶ 香蕉去皮切块，备用。
❷ 香蕉放入电锅中，外锅半杯水，按下开关蒸熟。
❸ 蒸熟后的香蕉，用汤匙压成泥状即可食用。

注意NOTE
宝宝6个月内，若是食用水果，都建议蒸熟后再食用。

4个月
以上
提高
专注力

水梨泥

4个月以上
促进肠胃蠕动

水梨的膳食纤维是香蕉的两倍，能促进肠胃蠕动，对身体健康很有功效。

材料：
水梨适量。

做法：

① 水梨去皮切块，备用。

② 水梨放入电锅中，外锅半杯水，按下开关蒸熟。

③ 蒸熟后的水梨，用汤匙按压成泥即可食用。

七倍粥

5个月以上
容易消化

七倍粥就是米和水以1:7的比例来烹煮，和十倍粥差在水的比例不同，因此浓稠度也就不一样。

材料：
大米1小杯。

做法：

① 用小药杯或是小量匙装，取大米1小杯，或是用米杯装到刻度2的位置。

② 大米洗净后，倒入小锅中，加入7小杯水（与步骤1同量器）。

③ 放入电锅中，外锅倒入1大杯水后按下开关，跳起后再等待5分钟，即可起锅。

④ 使用调理棒或调理机打成泥状。

高丽菜泥

5个月
以上
钙含
量高

　　高丽菜富含钙、铁、磷，又以钙的含量最为丰富，可以促进新陈代谢。

材料：
高丽菜适量。

做法：

❶ 将高丽菜洗净，切段备用。

❷ 用小锅煮水，待水滚后将高丽菜放入烫熟捞起放凉。

❸ 将高丽菜放入调理盆或是调理机里，加入1小匙煮菜后的水。

❹ 将其打成泥状即可。

甜椒泥

甜椒富含维生素C，具有抗氧化力、含抗癌物质，能增强抵抗力、刺激脑细胞新陈代谢。

材料：
甜椒适量。

做法：
1. 将甜椒洗净，切块放盘中备用。
2. 将甜椒放入电锅中，外锅1杯水，按下开关蒸熟。
3. 将蒸熟后的甜椒放凉，打成泥状即可。

5个月
以上
增强
抵抗力

小黄瓜泥

小黄瓜中的纤维素能帮助排泄，还可以降低胆固醇。

材料：
小黄瓜适量。

做法：
1. 将小黄瓜洗净，去双蒂头，切成小片状，备用。
2. 用小锅煮水，待水滚后将小黄瓜片烫熟，捞起放凉。
3. 将小黄瓜放入调理盆或是调理机里，加入1小匙煮菜后的水。
4. 将其打成泥状即可。

5个月
以上
降低
胆固醇

五倍粥

五倍粥和七倍粥的做法一样，差别是米和水以1:5的比例来烹煮。

材料：
大米1小杯。

做法：
1. 用小药杯或是小量匙，取大米1小杯的量，或用米杯装到刻度2的位置。
2. 大米洗净后，倒入小锅中，加入5小杯水（与步骤1同量器）。
3. 放入电锅中，外锅倒入1大杯水后按下开关。
4. 跳起后再等待5分钟，即可起锅。
5. 最后使用调理棒或调理机，将其打成泥状。

6个月以上
容易消化

黑木耳泥

黑木耳的铁含量是菠菜的20多倍，可以说是所有食物中最高的，营养功效显著！

材料：
黑木耳适量。

做法：
1. 黑木耳洗净切丝备用。
2. 将黑木耳放入电锅中，外锅半杯水，按下开关蒸熟。
3. 最后将蒸熟后的黑木耳放凉，打成泥状即可。

6个月以上
铁含量高

芹菜泥

6个月
以上
预防
便秘

芹菜含有多种维生素、矿物质、膳食纤维，能促进肠胃蠕动、预防便秘。

材料：
芹菜适量。

做法：
① 将芹菜洗净，切段备用。
② 用小锅煮水，待水滚后，将芹菜烫熟，捞起放凉。
③ 将芹菜放入调理盆或是调理机里，加入1小匙煮菜后的水。
④ 将其打成泥状即可。

白萝卜泥

6个月
以上
增强
免疫力

白萝卜含有丰富的维生素C、膳食纤维，维生素C可增强人体免疫力。

材料：
白萝卜适量。

做法：
① 将白萝卜去皮洗净，切块放入盘中备用。
② 白萝卜放入电锅中，外锅1杯水，按下开关蒸熟。
③ 将蒸熟后的白萝卜放凉，打成泥状即可。

木瓜泥

6个月
以上

帮助
消化

木瓜含有木瓜酵素，能使蛋
白质与脂肪易于消化吸收，还富
含维生素C、胡萝卜素等营养。

材料：
木瓜适量。

做法：
❶ 将木瓜对切去瓤。
❷ 直接用小汤匙刮泥食用。

蛋黄泥

7个月
以上

富含
DHA

鸡蛋含有丰富的DHA、卵磷
脂，其蛋黄可以说是鸡蛋里的精
华，营养成分比蛋白高很多。

材料：
鸡蛋1个。

做法：
❶ 取1个鸡蛋，放于蒸架上（或是1个
小碗，碗底平铺蘸湿的纸巾）。
❷ 将蒸架或碗放入电锅里，外锅倒入
半杯水，按下开关蒸熟即可。
❸ 将蒸熟鸡蛋去壳、去蛋白后，只取
蛋黄，将蛋黄用汤匙压碎即可。

鸡肉泥

鸡肉富含优质蛋白质，能增强体力、强健身体。其中又以鸡胸肉富含的维生素B最高。

材料：

鸡胸肉适量。

做法：

① 将去骨鸡胸肉切丁，取部分备用。

② 鸡胸肉丁放入电锅中，外锅1杯水，按下开关后等待跳起。

③ 将蒸熟后的鸡胸肉加少许水打成泥状即可。

昆布泥

8个月
以上
排除
毒素

昆布含有丰富的钙，甚至能
有效阻止人体吸收铅、镉等重金
属，帮助身体排除毒素。

材料：
昆布适量。

做法：
① 将昆布洗净备用。
② 用小锅煮水，水滚后将昆布放入烫
约3分钟，捞起放凉。
③ 把汆烫后的昆布水倒入一些，打成
泥状即可。

注意NOTE
干燥的昆布要先泡水，使其变软膨胀。

山药泥

8个月
以上
改善
久咳

山药的营养含量很高，能促
进血液循环，甚至还能改善久咳
等症状。

材料：
山药适量。

做法：
① 将山药去皮洗净，切块放入碗中，
再加点水盖过山药。
② 放入电锅中，外锅半杯水，按下开
关蒸熟。
③ 蒸熟后的山药放凉，将其打成泥
状，或是用汤匙压成泥也可以。

注意NOTE
山药较黏稠，搅拌时建议加点水比较好打。
削皮后的山药很容易氧化。削完皮后迅速放
入盐水中，就能避免氧化。

毛豆泥

毛豆含有卵磷脂，是促进大脑发育不可缺少的营养素之一！

材料：
毛豆适量。

做法：
1. 将毛豆洗净备用。
2. 把毛豆放入电锅中，外锅1杯水，按下开关蒸熟。
3. 蒸熟的毛豆放凉后，将其打成泥状即可。

香菇泥

香菇含有多种酵素及营养素，能帮助人体消化、促进血液循环，还可以有效促进钙质的吸收。

材料：
香菇适量。

做法：
1. 香菇去蒂后，洗净切片备用。
2. 将香菇放入碗中，再放入电锅里，外锅半杯水，按下开关蒸熟。
3. 将蒸熟后的香菇放凉，将其打成泥状即可。

饭面主食

4~6个月是宝宝辅食的第一阶段，主要以食物泥为主。7~9个月开始，是辅食的第二阶段，这个阶段食用的辅食，建议要包含各种营养（奶、蛋、鱼、豆、肉等），因此本篇设计了"饭面主食"的食谱，除了面、粥、饭之外，还有宝宝碗粿、芋头糕等，让家长们在制作时可以有更多的选择。

注意 NOTE
1岁前的宝宝在食用辅食时，食材建议还是要切细碎或是搅打成泥，使用搅拌棒、果汁机、调理机都可以。煮好的食材也要用食物剪，将食材剪碎再入口。

海鲜鸡肉粥

干贝的口感鲜甜，而且营养丰富，甚至有增强体力的功效。

材料：
干贝4个（或大干贝1个）、鸡腿半只、米饭或隔夜饭1碗、芹菜3根（切碎）。

做法：
1. 鸡腿肉用刀背刮取制成肉末（或是切细碎）。
2. 将干贝煮熟后，加入米饭搅拌。
3. 加入鸡腿肉继续搅拌，最后加入碎芹菜搅拌。
4. 煮滚后即可关火。

7个月以上 增强体力

山药紫米粥

7个月
以上
铁含
量高

紫米富含蛋白质、铁质，但是容易胀气的人不能摄取过量。

材料：
山药少许、紫米饭1碗。

做法：
1. 山药削皮切丁后，切细碎。
2. 取小锅煮水，并加入紫米饭搅拌一下。
3. 最后加入山药继续搅拌，煮滚后即可关火。

萝卜糕

7个月
以上
增强
免疫力

白萝卜含有丰富的维生素，可增强免疫力，还有帮助消化的功效。

材料：
米粉270g、热水600mL、开水600mL、白萝卜500g。

做法：
1. 白萝卜刨成丝，加入滚沸热水中。
2. 将米粉、开水混合搅拌均匀，使其成为粉浆。
3. 把粉浆倒入步骤1，并放入小锅后，将小锅放入电锅，隔水或用蒸笼蒸约1小时。
4. 萝卜糕熟成后，需放凉再切片。

三色滑蛋粥

七八个月的宝宝就可以开始尝试吃蛋黄了，而蛋白较易过敏，建议10个月后再食用。

材料：

米饭1碗、胡萝卜少许（切碎）、青花菜3朵（切碎）、香菇3朵（切碎）、蛋黄1个。

做法：

❶ 煮一小锅水，加入米饭搅拌后，依序将胡萝卜、香菇、青花菜放入搅拌。

❷ 加入蛋黄继续搅拌，煮滚后即可关火。

鲜蔬面疙瘩

7个月
以上
铁含
量高

菠菜的维生素含量很高，而且富含铁质、叶酸、钙质，能预防小孩神经系统方面的疾病。

材料：

中筋面粉100g、菠菜1小把、水20mL、淀粉2g、鸡蛋1个、高汤适量。

做法：

1. 将面粉、水、淀粉、鸡蛋混入蛋盆搅拌均匀，慢慢搅拌使其成为面糊。
2. 菠菜切细碎并加入面糊里，盖上保鲜膜放入冰箱约半小时。
3. 煮一锅热水，倒入高汤，将面糊用小汤匙舀小块状，放入水里煮熟即可。

注意 NOTE
舀面糊前可先将汤匙蘸一下热水再舀，能防止面糊粘在汤匙上。

婴幼儿馄饨

婴幼儿馄饨可以在煮面条时加入，也可以单吃，1岁以内的宝宝可用汤匙切小块食用。

材料：
洋葱半个、玉米粒1罐、胡萝卜2根、猪肉馅1盒、馄饨皮1包。

做法：
❶ 将洋葱、玉米粒、胡萝卜、猪肉馅全部切细碎或用搅拌机打碎。
❷ 混合搅拌后，把汤汁挤出倒掉。
❸ 盖上保鲜膜放入冰箱冷藏约半天，再次沥干食材汤汁（因为太湿会不好包）。
❹ 用馄饨皮包馄饨，包完后放冰箱冷冻，要煮的时候取出即可。

8个月
以上
营养
丰富

蔬菜字母面

高丽菜的纤维质含量多，可以预防便秘，让宝宝排便更顺畅。

材料：
字母面少许、高丽菜5片、洋葱少许、花椰菜2朵、高汤150mL。

做法：
❶ 将高丽菜、洋葱、花椰菜切细碎，放旁备用。
❷ 用锅煮高汤，并加入高丽菜、洋葱搅拌。
❸ 继续加入花椰菜搅拌，最后加入字母面，煮熟即可。

8个月
以上
富含
纤维质

番茄豆腐面

8个月
以上
酸甜
开胃

在煮面或食材的时候，可以加入自制的高汤，让宝宝吃得营养又健康。

材料：
番茄1个、豆腐半盒、小白菜适量、葱花1把、面条少许。

做法：
❶ 将番茄去皮切丁、豆腐压碎或切小块。
❷ 用小锅煮水或高汤，将番茄放入煮滚5分钟。
❸ 继续放入豆腐、面条，起锅前3分钟再放入小白菜、葱花即可。

鸡蓉玉米粥

8个月
以上
预防
便秘

鸡胸肉少油易消化，但对宝宝来说不容易咀嚼，可以先用调理机打成肉泥或手动刮成肉末。

材料：
生玉米1根、鸡胸肉半块、米饭或隔夜饭1碗。

做法：
❶ 将鸡胸肉用刀背刮取，或用调理机搅打，使其成为肉末。
❷ 生玉米用热水烫熟，取下玉米粒备用。
❸ 用小锅煮水，加入米饭、鸡胸肉末，最后加入玉米粒，煮滚后即可起锅。

番茄菇菇面

8个月
以上

营养
丰富

番茄不仅开胃，而且富含多种营养素，是对人体非常好的食材。

材料：

番茄1个、菇类（金针菇、杏鲍菇、香菇）少许、葱花1小把、面条少许。

做法：

① 将番茄去皮切丁，菇类切丁。

② 煮一小锅水或高汤，加入番茄熬煮后，再加入面条煮至半熟。

③ 继续加入菇类煮熟，最后加入葱花即可关火，最后用食物剪将食材剪细碎后，即可食用。

南瓜鸡肉粥

8个月
以上
富含
蛋白质

挑选鸡肉的时候要选择正规渠道，趁新鲜赶快烹煮才不易腐败。

材料：
南瓜1小块、鸡腿半只、米饭或隔夜饭1碗。

做法：
❶ 将鸡腿肉用刀背刮取成为肉末，或是切细碎。
❷ 南瓜去皮切丁成小块后，用一小锅水煮南瓜，半熟后倒入鸡肉末。
❸ 最后加入米饭，继续滚过即可起锅食用。

芹菜豆腐粥

8个月
以上
富含膳食
纤维

芹菜含有许多人体不可缺少的膳食纤维，很适合将其切成细末，煮粥时撒在上面即可。

材料：
芹菜3根、豆腐半盒、米饭或是隔夜饭1碗。

做法：
❶ 将芹菜切细碎。
❷ 用小锅煮水后，加入米饭并加入豆腐搅拌，可以一边搅拌一边压碎豆腐。
❸ 最后加入芹菜继续搅拌，即可起锅食用。

番茄小米粥

8个月
以上
富含
茄红素

小米的米粒小，所以容易烹煮，而且属于低敏食材，富含丰富的营养，很适合宝宝食用。

材料：
番茄1个、小米1小碗。

做法：
① 番茄烫过去皮，打成泥或切细碎。
② 将2碗水、番茄、小米倒入混合一起，放入电锅。
③ 外锅用1杯水，内锅加盖后按下开关，跳起后即完成。

南瓜碗粿

8个月以上 富含胡萝卜素

南瓜是营养丰富的食材，因为其低敏的特性，所以经常用来制作宝宝辅食。

材料：

米粉2碗（约八分满）、滚水2碗（先量好2碗的量，再放入煮滚）、南瓜半个。

做法：

1. 南瓜用电锅蒸熟后，去皮去瓤放入搅拌机打成南瓜泥，可加点水（约2碗）。

2. 取2碗约八分满的米粉，并倒入搅拌盆后，分次慢慢将滚水加入，一边加一边搅拌。

3. 分次倒入南瓜泥，边加入边搅拌，最后放入玻璃碗，再放入电锅蒸（1～2杯水蒸即可），蒸完后放凉便会凝固。

香菇肉末粥

8个月以上
促进血液循环

挑选香菇时，建议以新鲜香菇为主，这样宝宝比较好咬食。

材料：
米饭1碗、香菇4朵、猪肉馅少许。

做法：
1. 煮一小锅水，加入米饭搅拌。
2. 将猪肉馅加入继续搅拌，最后加入切碎的香菇丁。
3. 煮滚后关火即可。

鲜蔬鸡丝炒面

9个月以上
蛋白质丰富

这是加入许多蔬菜的营养炒面，1岁以上的孩子食用时，可以加点低盐酱油来提味。

材料：
蔬菜（胡萝卜、高丽菜、洋葱、香菇）少许、肉馅1小球、面条少许、葱花少许、酪梨油少许。

做法：
1. 胡萝卜、高丽菜、洋葱、香菇切细碎后，将面条烫软至七分熟。
2. 取平底锅热锅，倒入少许酪梨油，放入肉馅炒至三分熟。
3. 胡萝卜、高丽菜、洋葱、香菇放入，炒2~3分钟。
4. 放入面条，用大火快炒约2分钟至全熟即可。

鱼肉滑蛋粥

9个月
以上
富含
DHA

鳕鱼虽然是白肉，但是容易导致过敏，宝宝食用鱼肉时建议先以无刺鲷鱼来尝试。

材料：
鱼肉片少许、空心菜1小把、米饭或隔夜饭1碗、蛋黄1个。

做法：
1. 将空心菜切细碎，鱼肉先烫过，然后将煮熟的鱼肉打成泥或切碎。
2. 用小锅煮水，加入米饭，再放入鱼肉片泥、空心菜，煮滚并搅拌。
3. 最后加入蛋黄，稍微搅拌一下即可起锅。

猪肉滑蛋粥

9个月
以上
富含
蛋白质

宝宝9个月大开始，吃了鸡肉无不良反应后，就可尝试猪肉。

材料：
米饭1碗、蛋黄1个、猪肉馅少许、青葱1根。

做法：
1. 用小锅煮水，并加入米饭搅拌。
2. 依序放入猪肉馅、蛋黄搅拌。
3. 最后放入切碎的青葱，即可关火起锅了。

昆布鱼肉粥

9个月以上 富含DHA

白肉鱼（鲷鱼、鲈鱼等）较不易导致过敏，宝宝尝试辅食时可以白肉鱼为主。

材料：
鱼肉片少许、昆布2片、米饭或隔夜饭1碗。

做法：
❶ 先将昆布泡水，鱼肉烫过备用。
❷ 用小锅煮昆布，煮滚2次后加入米饭。
❸ 最后加入已先烫过的鱼肉片，继续煮滚即可起锅。

鸡汤面

用整只鸡来制作高汤，并放入面条、蔬菜，简单的步骤就能做出营养餐点喔！

材料：

鸡高汤少许、低钠面条适量、小白菜适量。

做法：

❶ 将鸡高汤与水1:1混合。

❷ 把面条放入煮熟，再放入小白菜煮2分钟即可起锅。

❸ 将面条切小段即可食用。

黄瓜镶软饭

黄瓜含有维生素C、膳食纤维等营养素，有促进新陈代谢、增强免疫力的功效。

材料：

黄瓜1根、肉馅少许、香菇1朵、葱1根、黄椒半个、大米1杯、香油适量。

做法：

❶ 大米洗净之后，浸泡2~3小时。

❷ 将香菇、葱、黄椒切丁备用。黄瓜去皮后，以横面分切成4~5个圆圈。

❸ 大米、香菇、葱、黄椒与香油混合拌匀。

❹ 将黄瓜圈放入容器后，把步骤3塞入约七分满。

❺ 电锅外锅放1杯水后按下开关，待跳起后再放半杯水再按1次，两次跳起后再闷5~10分钟，食用前用汤匙或食物剪，将食材切小块再食用。

南瓜米苔目

9个月以上
营养丰富

南瓜富含天然的胡萝卜素、蛋白质、维生素C，是制作宝宝辅食常见的食材。

材料：

米饭1碗、中筋面粉20g、莲藕粉20g、南瓜100g、鸡腿肉少许（切丁）、葱少许、高丽菜少许（切碎）、热水20mL、高汤300mL。

做法：

1. 南瓜去皮去瓤后，放入调理机打碎成泥，拌入中筋面粉、莲藕粉。
2. 加入20mL热水，全部混合搅拌均匀，使其成为南瓜米团。
3. 将南瓜米团放入塑料袋内，塑料袋尾端剪一小角。
4. 取一小锅，将高汤、高丽菜碎、肉丁放入烹煮，再挤入一条条的米团，煮熟即可。

地瓜鲜蔬炊饭

10个月
以上
排便
顺畅

地瓜是天然的抗癌圣品，富含膳食纤维，能促进肠胃蠕动，有助于排便顺畅。

材料：
香菇1朵、地瓜半个、胡萝卜1/3根、高丽菜4片、鸡腿肉半块、大米半杯。

做法：
❶ 鸡腿肉去皮，烫掉血水后切丁备用。地瓜、香菇、胡萝卜切丁或切丝备用。
❷ 将大米洗净后，放入小锅或容器内，再倒入半杯水，将鸡肉、蔬菜铺在大米上。
❸ 电锅外锅放入1杯水，按下开关后等跳起再闷5分钟即可。

香菇鸡丝软饭

10个月
以上
富含
蛋白质

鸡肉含有丰富的蛋白质，营养功效很好，挑选时要选择新鲜食材。

材料：
香菇2小朵、鸡腿肉少许、胡萝卜1/3根、大米和水（高汤）比例为1:3。

做法：
❶ 香菇切丝或切丁，鸡腿肉、胡萝卜切丁备用。
❷ 所有材料放入锅内，依序为食材、大米、高汤。
❸ 电锅外锅放入1杯水，按下开关，待开关跳起后再闷5分钟即可。

注意NOTE
习惯用电子锅的人，用一般煮饭的方式来煮即可。

Q软肉圆

10个月以上 促进消化

西谷米主要成分为淀粉，经常用来制作饮品与点心，用它做肉圆，吃起来的口感比较Q软！

材料：

酪梨油（或橄榄油）10mL、香菇3朵、胡萝卜少许、玉米半根（取玉米粒）、肉馅1盒、西谷米160g。

注意NOTE
用西谷米制作的肉圆比较Q软，非常适合宝宝食用，基本上10个月以上、长牙的宝宝即可食用。

做法：

❶ 香菇、玉米、洋葱、肉馅放入搅拌机或调理机打细碎。

❷ 用2杯水浸泡西谷米半小时，加入酪梨油（或橄榄油），放进搅拌机打成面糊。

❸ 取小碗将面糊倒入一半后，放入步骤1的肉馅，再将面糊倒至八分满，盖住肉馅。

❹ 放入电锅或是蒸笼蒸20分即可。

PART 3 营养与美味兼顾！食物泥和饭面主食篇

南瓜鲜蔬炖饭

11个月以上
预防便秘

高丽菜有助于预防便秘，而南瓜富含蛋白质及各种营养素，这两种食材都很有营养。

材料：

南瓜少许、毛豆少许、高丽菜少许、洋葱少许、大米和水（或高汤）比例为1:1.5。

做法：

1. 将南瓜去皮去瓤切丁，毛豆、高丽菜、洋葱用搅拌机打细碎，备用。
2. 取一锅放入酪梨油或橄榄油，将洋葱、南瓜放入拌炒，再加入其他食材拌炒。
3. 加入大米以中火炒到泛黄，再加入水或高汤，煮滚后转小火焖煮15分钟。

注意 NOTE

步骤3煮滚后还是要继续拌炒，才不会变锅巴！除此之外，要特别注意南瓜勿过量食用，否则宝宝皮肤会变黄。

山药鸡肉馅饼

山药具有促进血液循环的功能，还能改善久咳、肺虚等症状。

材料：
橄榄油少许、鸡腿肉丁少许、山药1小节、玉米1根（取玉米粒）、面粉60g、酵母粉3g、水20mL。

做法：
❶ 面粉、酵母粉加入水，拌揉均匀使其成为面团。
❷ 将面团放入碗里，碗底抹些橄榄油后，用湿布覆盖静置45分钟。
❸ 山药去皮切小块后，与玉米粒、鸡腿肉丁拌炒。
❹ 取出发酵完的面团，切小块揉圆并擀成面皮，铺上步骤3的馅料，从圆边开始收合封口包起。
❺ 取平底锅倒油，热锅后将馅饼放入，用小火干煎至金黄色即可。

简易干拌面

酪梨油内含丰富矿物质、维生素，耐高温且不起油烟，是制作辅食的好帮手。

材料：
酪梨油（或橄榄油）少许、青江菜少许、小白菜少许、香菇2小朵（切丁）、低盐酱油少许、面条少许。

做法：
❶ 用小锅煮水，把面条、香菇放入烫熟，面条快熟前加入青江菜及小白菜，烫熟后一同捞起。
❷ 取一小碗，倒入少许酪梨油和低盐酱油，搅拌均匀。
❸ 将香菇、面条、小白菜、青江菜捞起放入碗里，与步骤2的酱汁混合拌匀即可。
❹ 食用前用汤匙或食物剪将面条切小段再食用。

95

葱香蛋花汤面

1岁
以上
富含
蛋白质

烹煮辅食若需调味时，建议都以低盐酱油，才不会造成宝宝身体负担。

材料：
酪梨油（橄榄油）少许、低盐酱油少许、小白菜少许、鸡蛋1个、面条少许、葱花1把。

做法：
❶ 将酪梨油和葱花炒香后，加入高汤或适量的水。
❷ 加入面条煮至七分熟后，放入低盐酱油、小白菜，并打入1个散蛋。
❸ 最后加入葱花即可起锅。

注意 NOTE
食用前可以用汤匙或食物剪将面条切小段再食用。

丝瓜蛤蜊面

1岁
以上
富含
维生素C

丝瓜富含维生素C，是天然美容食材，可以搭配P.120的自制昆布高汤来煮，很对味哦！

材料：
面条适量、蛤蜊少许、丝瓜1/4根、姜丝少许。

做法：
❶ 将丝瓜切小块。
❷ 煮一小锅水（或用昆布高汤取代），加入丝瓜搅拌。
❸ 将面条加入，煮至七分熟再加入蛤蜊，煮到面条熟、蛤蜊开了即可。

注意 NOTE
食用前可以用汤匙或食物剪将面条切小段再食用。

番茄奶酪焗面

1岁
以上
酸甜
开胃

1岁以后宝宝餐桌的选择也更多变化，加入奶酪、番茄的焗面，营养更丰富、更好吃。

材料：
番茄1个（切丁）、北海道奶酪片2片、肉馅少许、蒜少许、造型面适量、鲜奶适量、酪梨油（或橄榄油）少许。

做法

① 取一平底锅或铸铁锅，以酪梨油热锅并加入蒜、番茄丁拌炒，然后加入肉馅或其他鲜蔬、造型面拌炒。

② 加入少量水、鲜奶，煮3分钟后，将火转小再煮3分钟。

③ 最后加入奶酪，铸铁锅可以直接关火，盖上盖闷5～10分钟。

④ 若为平底锅，加入奶酪后用小火再煮2分钟，盖上锅盖等待3分钟即可。

♥ 海鲜汤面

1岁以上
促进血液循环

　　洋葱具有治疗感冒、促进血液循环的功效，有益身体健康！

材料：
洋葱半个、胡萝卜1/4根、虾仁6只、面条适量、肉丝少许、蒜片3片、鱼片5片、干贝1个。

做法：
❶ 将干贝、蒜片放入高汤熬煮。
❷ 放入洋葱、鱼片、肉丝后，再放入面条煮至熟透即可关火。

♥ 白酱意大利面

1岁以上
富含蛋白质

　　汽车造型面的体积小，煮4～5分钟就熟了，所以不需要事先煮，照步骤烹煮即可。

材料：
汽车造型面1小碗、鲜奶500g、蛤蜊少许、青花菜5朵、胡萝卜丝少许、橄榄油20g、蒜泥少许、奶酪丝少许。

做法：
❶ 鲜奶、橄榄油、奶酪丝用果汁机先打均匀。
❷ 热锅后，倒入少许酪梨油，拌炒蒜泥并将胡萝卜丝、青花菜放入。
❸ 加入1小碗水，放入面煮约2分钟，再加入蛤蜊、步骤1的白酱。
❹ 开中小火，让汤汁收至半干即可。

鸡肉味噌拉面

1岁
以上
富含
蛋白质

烹煮的时候，可以视个人喜好加入食蔬，增加料理的丰富口感。

细味噌少许、去骨鸡腿排适量、鸡蛋1个、拉面少许。

做法：

❶ 将拉面放入汤锅煮至八分熟，捞起后备用。

❷ 用高汤或是水来煮鸡肉至滚开，放入味噌并搅拌均匀，打入1个鸡蛋。

❸ 加入烫八分熟的拉面，煮熟即可。

注意 NOTE
食用时再用食物剪将肉片、面条剪细碎。

营养海鲜粥

宝宝在食用鱼肉时要特别小心鱼刺，建议买无刺的鱼肉片来烹煮。

材料：
米饭1碗、鱼肉片1片、猪肉馅少许、芹菜1根（切碎）、虾仁少许、蛤蜊约4个。

做法：
1. 虾仁先去除肠泥，鱼肉微烫后切细碎。
2. 煮一小锅水，加入米饭搅拌，接着放入鱼肉、猪肉、虾仁、蛤蜊继续搅拌。
3. 最后加入切碎的芹菜，即可关火。

番茄海鲜炒饭

这个料理中大米与水的比例为1:3，也可以将水换成高汤更营养。

材料：
番茄1个、蛤蜊少许、胡萝卜1/3根、干贝1粒、虾仁4只、大米和水（高汤）比例为1:3。

做法：
1. 将番茄去皮切丁，胡萝卜、干贝、虾仁切丁备用。
2. 所有材料放入锅内，依序为食材、大米、高汤。
3. 电锅外锅放入1杯水，按下开关，跳起后再闷5分钟即可。

注意NOTE
用电子锅的人，用一般煮饭的方式来煮即可。

虾仁豆腐粥

1岁以上 富含蛋白质

虾算是比较高敏的食材，因此建议1岁以上的宝宝食用。

材料：
虾仁4只、豆腐半盒、米饭或隔夜饭1碗、青葱1根。

做法：
① 将虾仁去肠泥。
② 煮一小锅水，加入米饭搅拌，再加入虾仁继续搅拌。
③ 接着放入豆腐搅拌，豆腐也可以事先压碎放入。
④ 最后加入青葱，便可关火盛起。

百菇吐司比萨

菇类营养丰富，制作时可以依喜好，任选3~4种菇类放入。

材料：

香菇少许、杏鲍菇少许、金针菇少许、厚片吐司1片、乳酪丝少许、肉馅少许。

做法：

❶ 菇类、肉馅先切细碎后，放入平底锅炒至半熟。

❷ 将炒好的材料铺到吐司上（吐司可切边，也可不切）。

❸ 最上层铺乳酪丝，最后放入烤箱内烤5~7分钟。

注意NOTE
烤箱用大烤箱、小烤箱都可以，但记得一定要事先预热！

儿童版大阪烧

1岁以上儿童的食材变化性高，自制的儿童版大阪烧，可以加入满满的蔬菜，健康营养又好吃！

材料：

香菇1朵、猪肉丝适量、高汤（或水）100mL、鸡蛋1个、高丽菜适量、低筋面粉40g、盐少许。

做法：

❶ 香菇、高丽菜切碎，备用。

❷ 鸡蛋、面粉、盐、高汤混合后，搅拌至无颗粒再加入高丽菜、香菇拌匀。

❸ 取平底锅加入少许酪梨油，烧热后舀入步骤2的面糊，并用铲子制成1~2cm厚的圆形面糊。

❹ 转中火煎4~5分钟，将猪肉丝平铺上。

❺ 翻面后盖上锅盖再煎5分钟，再翻面煎3分钟即可。

滑蛋牛肉粥

1岁
以上
铁含
量高

　　牛肉的含铁量丰富，是宝宝补充铁质的营养食物。

材料：
高丽菜半棵、牛肉馅半盒、胡萝卜1/4根、葱半根、鸡蛋1个、大米饭1碗。

做法：

❶ 将高丽菜、牛肉馅、胡萝卜、葱全部切细碎或用搅拌机打碎，备用。

❷ 煮一小锅水，加入大米饭搅拌，再加入胡萝卜、高丽菜继续搅拌。

❸ 接着放入牛肉馅煮至熟，最后加入葱，再倒入蛋液，即可关火。

凤梨鲜虾炖饭

凤梨富含膳食纤维，酸酸甜甜的口感还能增进食欲。

材料：

酪梨油（或橄榄油）少许、凤梨少许（切丁）、胡萝卜少许（切丁）、玉米粒少许、虾仁5只、大米和水（或高汤）比例为1:1.5。

做法：

❶ 取一平底锅，放入酪梨油烧热后，将凤梨丁、胡萝卜丁、玉米粒放入拌炒。

❷ 加入大米，以中火炒到泛黄，再加入水或高汤煮至滚。

❸ 煮滚后转小火煮约15分钟，起锅前8分钟再加入虾仁即可。

注意 NOTE

煮滚后还是要继续拌炒，才不会变锅巴。起锅前，也要记得检查一下虾仁有没有熟。

香菇羹汤细面

香菇富含维生素D，有助钙质吸收，对健康有非常好的功效。

材料：

胡萝卜丝少许、肉馅少许、香菇3朵、葱少许、面条少许、淀粉少许、蒜少许。

做法：

❶ 将面条煮至八分熟，备用。

❷ 香菇、葱、胡萝卜切丝备用，肉馅抓腌一下。

❸ 热锅后加入肉馅、香菇、蒜，炒至香味散出。

❹ 加入2杯水，再取半杯水与淀粉混合，加入搅拌均匀并煮至滚稠。

❺ 最后加入面条、葱，煮滚后即可起锅。

注意 NOTE

食用前用汤匙或食物剪，将面条切小段再食用。

儿童版比萨

1岁
以上
营养
健康

市售的比萨口味比较重，自制比萨更适合宝宝，放入营养丰富的蔬菜就是好吃的健康比萨。

材料：

【**比萨皮**】面粉135g、鲜奶55mL、油10mL、玉米粉10mL（可不加，或是用无铝泡打粉1g取代）、盐少许。

【**内馅**】食蔬（菇类、木耳、胡萝卜、洋葱、樱花虾、玉米罐头）少许、奶酪丝半包。

做法：

❶ 将面粉、鲜奶、油、盐、玉米粉通通倒入混合成面团。

❷ 混合后的面团，用保鲜膜或是袋子装起来，放进冰箱冷藏20分钟。

❸ 将面团拿出来分割成4～5等份，用擀面杖擀成薄皮。

❹ 将切碎的馅料包入，平均撒在每片比萨上，最后用奶酪丝覆盖，放进烤箱烤15分钟即可。

> **注意 NOTE**
> 不容易熟的菇类、胡萝卜，可先烫30秒。樱花虾则可以先爆香一下，会比较香。

儿童版好吃烧

1岁以上 预防便秘

高丽菜又称为"甘蓝"，健胃的功效很好，而且纤维质多能预防便秘。

材料：

面条少许、高丽菜1/4棵、肉馅（或肉片）半盒、胡萝卜1/4根、葱半根、鸡蛋1个、面粉80g、水50mL。

做法：

① 将高丽菜、胡萝卜、葱，切细碎备用。将面条烫半熟，备用。

② 鸡蛋、面粉、水，加入高丽菜、胡萝卜、葱，全部混合搅拌均匀成面糊。

③ 将肉馅抓腌酱油、面粉后，取平底锅热锅倒入，将肉馅煎至半熟，并加入面条拌炒至八分熟。

④ 最后将步骤2的面糊铺在炒面上，盖锅盖以小火煎到定型，再翻面煎熟即可。

♥芋头糕

1岁
以上
增进
食欲

芋头富含淀粉、植物性蛋白，能增进食欲、帮助消化，其膳食纤维也有防止便秘的功效。

材料：
芋头1/3个、肉馅少许、香菇4朵、米粉1米杯、冷水1米杯。

做法：
1. 将芋头、香菇切细碎，取一平底锅将肉馅、香菇、芋头稍微炒香。
2. 米粉与冷水混合成粉浆后，将芋头、香菇、肉馅放入粉浆混合并倒入容器内。
3. 放入电锅中，外锅放入1杯水，按下开关，跳起后再闷5分钟即可。

汤品类

想要让宝宝辅食更多样化，也可以自己煮超营养的汤。宝宝汤几乎没什么调味，直接放入电锅煮就可以了，简单又容易。浓汤或是香菇鸡汤、海鲜汤等，都富含多种营养素，不添加调味料，就能让宝宝吃得健康又安心。

因为汤里能放很多食材来炖煮，所以像南瓜、山药、香菇、番茄这类超营养的食材，只要宝宝吃过后没问题，就都能放在一起熬煮。但年龄较小的宝宝食用时，食材建议还是打细碎或是用食物剪剪碎，宝宝才比较好入口。

蔬果浓汤

8个月以上　富含茄红素

番茄、苹果富含丰富的维生素、矿物质，对人体健康功效很有帮助。

材料：
洋葱1/4个、水100mL、高汤100mL、番茄1个（小）、胡萝卜1/4根、苹果半个、黑木耳1片、马铃薯1个（小）。

做法：
① 洋葱、胡萝卜、番茄、苹果、黑木耳切细碎或用果汁机、调理机、搅拌机打细碎，并放入电锅蒸熟。
② 蒸熟后的食材加入水，搅打成浓稠状。
③ 将高汤放入锅内，再倒入步骤2材料，煮滚即可。

注意 NOTE
1岁以上的小孩食用，可以把水换成鲜奶。

苹果鸡汤

8个月以上
增强记忆力

苹果营养丰富，除了富含膳食纤维之外，还含有"锌"，有增强记忆力的功效。

材料：
鸡腿半只、苹果2个、姜片5片。

做法：
1. 将鸡腿的骨头取下备用，鸡腿肉切成丁，汆烫去除血水。
2. 将苹果去皮切小丁后，与鸡骨、鸡腿丁一同放入电锅熬煮（外锅1杯水），电锅开关跳起后再闷5分钟即可。

注意NOTE
鸡骨用鸡腿取下的鸡骨，煮好后即可取出丢弃。苹果的清甜不需任何调味就很好吃了，1岁以上的孩子食用时，可以加些红枣更清甜。

南瓜浓汤

8个月
以上

营养
丰富

南瓜营养丰富，皮、肉都可以食用，但是小宝宝食用时建议去皮去瓤，才不会造成肠胃负担。

材料：
南瓜半个、高汤100mL、水600mL。

做法：
❶ 将南瓜去瓤后，切小块蒸熟并去皮。
❷ 将蒸熟的南瓜加入水，放入果汁机打成浓稠状。
❸ 将高汤放入锅内，再倒入南瓜浓汤，煮滚即可。

注意 NOTE
1岁以后的宝宝可以将100mL的水换成鲜奶，煮起来会更香醇。

玉米浓汤

8个月以上 改善便秘

玉米含有叶黄素、膳食纤维，能预防白内障、改善便秘。

材料：

马铃薯半个、胡萝卜1/4根、玉米1根（取玉米粒）、高汤100mL、水400mL。

做法：

❶ 将马铃薯、胡萝卜去皮切细丁后，与玉米粒一起放进电锅蒸熟。

❷ 取出一半的玉米粒、马铃薯、胡萝卜，加水打成稠状备用。

❸ 取一个锅，将步骤2倒入，再加入高汤，转小火熬煮，煮滚后再加入剩下的玉米粒、马铃薯、胡萝卜即可。

注意 NOTE

如果宝宝的牙齿还没有长很多颗，步骤2时就把所有食材都打成稠状即可。

111

山药排骨汤

9个月
以上
改善
久咳

山药能促进血液循环，而且蛋白质的含量很丰富，其黏液还能改善久咳的症状。

材料：

猪小排4块、姜片6片、山药1小节、枸杞1小把。

做法：

1. 先将排骨汆烫去除血水，山药去皮切小块。

2. 取一个锅，装取适量的水，先放入姜片后，再将山药、排骨一同放入电锅熬煮（外锅1杯水）。

3. 电锅开关跳起后，起锅前加入枸杞，放回电锅闷5分钟即可。

注意 NOTE

切山药的时候记得戴上手套，能避免黏液引起手部的搔痒。

香菇鸡汤

9个月以上
富含
蛋白质

鸡肉富含蛋白质，可以当作宝宝开荤的第一道食材，搭配香菇一起食用，营养非常丰富。

材料：
姜片6片、香菇5朵、鸡腿肉适量。

做法：
1. 鸡腿先汆烫并去除血水，香菇洗净泡软。
2. 取一个锅，加入约七分满的水，将食材放入熬煮，煮至鸡肉软烂即可。

注意NOTE
宝宝食用时，要再用食物剪将食材剪细碎，或是一开始处理食材时就先剪细碎。

百菇浓汤

菇类含有多种营养素，对人体健康很好，可依自身喜好加入各种菇类。

材料：
肉馅1小球、菇类（香菇、杏鲍菇、草菇）少许切细碎、奶酪1片、酪梨油（或橄榄油）少许、洋葱半个（切丝或切丁）、水400mL、高汤100mL、面粉20g。

做法：
❶ 取一个深平底锅，热锅后放入酪梨油，热油后把洋葱、菇类下锅拌炒。
❷ 加入肉馅拌炒1分钟后，放入高汤。
❸ 将面粉混合少许水，混匀成面粉糊。
❹ 把面粉糊放入步骤2，拌炒成稠状后倒入400mL水，煮滚后即可。

莲藕排骨汤

莲藕含铁量高，而且维生素C、膳食纤维量多，能预防便秘及增强体力。

材料：
莲藕半根（或生玉米1根）、猪小排1块、枸杞1小把、姜片4片。

做法：
❶ 将猪小排用滚烫热水先行烫过，去除血水并洗净。
❷ 莲藕切薄片后放入锅中，加水淹过食材，再放入姜片。
❸ 放入电锅，外锅1杯水，开关跳起后再放入枸杞，加水再煮1次。电锅开关第2次跳起后即可起锅。

枸杞虱目鱼汤

虱目鱼属于白肉鱼，含有丰富的蛋白质，可以很容易被人体消化吸收，能促进宝宝的成长发育。

材料：
虱目鱼骨3块、虱目鱼肚1块（切块）、枸杞1小把、蒜头5个（切片）。

做法：
❶ 将虱目鱼骨先行烫过去除血水，跟蒜片一起放入锅内。外锅用1杯水，先熬煮1次。
❷ 加入鱼肚、枸杞煮第2次，外锅放半杯水，待电锅开关跳起即可起锅。食用前请注意是否有小鱼刺，确认没有鱼刺再给宝宝食用。

蔬菜牛肉汤

牛肉有丰富的铁质，还有人体所需要的锌，可以增强身体的免疫系统。

材料：
洋葱半个、胡萝卜1/4根、高丽菜6片、马铃薯半个、牛腩少许。

做法：
❶ 将洋葱、胡萝卜、高丽菜、马铃薯切丁或切细碎。
❷ 所有食材放入锅中，加水至八分满，再放入电锅中一起熬煮1~2次即可。

蒜香蛤蛎鸡汤

1岁以上
促进消化

大蒜含有蛋白质及多种维生素，还能促进食欲、帮助消化。

材料：
蒜头5个、鸡腿肉半只、蛤蛎250g、姜片少许。

做法：

❶ 将蛤蛎泡水10分钟，鸡腿肉先烫至三分熟，去掉血水。

❷ 取一个锅，将所有食材放入，加水淹过食材，加盖后移至电锅内。

❸ 电锅外锅放1杯水，按下开关待跳起，重复此步骤共2次即可。

注意 NOTE
年龄较小的宝宝食用鸡腿肉时，可去骨切丁。

番茄牛肉汤

1岁以上
铁含量高

牛肉铁质含量很高，而且很容易被人体吸收，宝宝6个月后容易缺铁，要多补充富含铁质的食物。

材料：
洋葱半个、胡萝卜1/4根、高丽菜6片、白萝卜1小根、牛肉200g、香菜少许、番茄2个、姜片3片。

做法：
❶ 将牛肉烫过后备用，洋葱、胡萝卜、高丽菜、白萝卜、番茄都切小丁备用。
❷ 先将白萝卜、洋葱、姜片、番茄放入电锅内，外锅用1杯水煮滚。
❸ 开关跳起后，再将其余食材放入，外锅放1杯水再煮1次，开关再次跳起后即可盛起，盛起后撒上一些香菜即可。

牛蒡炖鸡汤

1岁以上
增强体力

牛蒡富含膳食纤维，还含有特殊的"菊糖"，能增强体力、强健筋骨。

材料：
牛蒡1根、鸡腿肉1只（切块）、姜片5片。

做法：
❶ 将切块鸡腿先行汆烫去血水，牛蒡去皮切片。
❷ 取一个锅，放入半锅水，加入牛蒡煮10～15分钟后，放入鸡腿块煮20分钟。
❸ 等鸡腿肉逐渐变软即可关火，起锅前可以加入少许盐来调味。

番茄海鲜汤

1岁半以上
提高免疫力

虾可以提高人体的免疫力，挑选时要以新鲜为主，若头、尾部颜色变黑就要避免购买。

材料：
番茄2个、蛤蜊5个、虾4只、洋葱半个、鱼片5片、蒜片6片。

做法：
❶ 将番茄切小块、洋葱切丝，放入深平底锅里，先行与蒜片微炒过后，加入200mL水煮滚。
❷ 继续加入200mL水，并放入虾、鱼片，煮滚后放入蛤蜊，再次滚开5分钟即可。

海鲜浓汤

马铃薯富含膳食纤维，能促进肠胃蠕动、预防便秘。

材料：

马铃薯半个（切小块）、洋葱半个（切丝）、虾仁100g、蛤蜊10个、蒜头4个（切末）、高汤200mL、水300mL、大干贝2粒（切小粒）、酪梨油（或橄榄油）少许。

做法：

① 取一个冷锅，放入酪梨油先行炒香洋葱、马铃薯、蒜头。

② 将200mL的高汤倒入煮滚后，一起放进果汁机或调理机打成浓稠状。

③ 再取一个锅，倒入300mL水，并将虾仁、干贝放入煮滚。

④ 步骤3煮滚后，倒入步骤2的浓汤、蛤蜊，煮至蛤蜊全开即可。

高汤类

高汤指的是加入各式营养的食材来熬煮，可以运用的范围很广，例如制作食物泥、煮饭、熬粥、煮面，甚至也能直接给宝宝喝。刚开始可以选择加入低敏的蔬果，例如高丽菜、胡萝卜、洋葱等，宝宝吃了这些食材没有过敏现象后，就能放入更多其他的食材来熬煮高汤。

因为加入了许多营养食材来熬煮，所以高汤含有丰富的营养，制作时不需要加入任何调味料，食材经熬煮后就能散发天然的甜味，若是加入过多调味料只会增加肠胃负担。

> **注意 N⊙TE**
> 放入猪骨、牛骨、鸡骨熬煮时，可以先用冷水下锅，煮到水滚后才能有效将血水慢慢排出。

高汤该如何保存？

高汤放凉后，即可倒入制冰盒里（建议买有盖子的），变成冰砖后方便取用，保存期限建议为1周，最久不要超过2周。

猪骨熬高汤不健康？

要用猪骨熬高汤的话，建议用"猪软骨"，若是用大骨、肋骨等硬骨，可能就会有"铅"存在的问题，不建议给宝宝食用。

蔬菜高汤

5个月以上 预防便秘

胡萝卜含有丰富的营养素，能促进肠胃蠕动、帮助消化、预防便秘。

材料：
胡萝卜1根、洋葱半个、高丽菜6片、马铃薯半个。

做法：
❶ 将材料全部去皮、切薄片（或丁状）后，把食材全放入锅里，倒入水（淹过食材）。
❷ 用中火煮至水滚后，改用小火熬煮20～30分钟，起锅并滤掉食材即可。

苹果蔬菜高汤

5个月以上 营养丰富

富含综合蔬果的高汤，风味更鲜甜美味，能让宝宝喝得健康又开心。

材料：
胡萝卜1根、洋葱半个、高丽菜6片、马铃薯半个、苹果2个。

做法：
❶ 将全部材料去皮，切成薄片或丁状。
❷ 准备一锅水，放入所有食材，水需淹过食材，先用中火煮至水滚后，再用小火熬煮20～30分钟，即可起锅并滤掉所有食材。

苹果洋葱高汤

5个月以上 减轻感冒症状

洋葱含有多种维生素、矿物质等营养，能促进血液循环，有减轻感冒症状的功效。

材料：
苹果2个、洋葱1个。

做法：
❶ 将苹果、洋葱去皮，切成薄片或丁状，把食材全放入锅里，倒入水（淹过食材）。
❷ 先用中火煮至水滚，再用小火熬煮40分钟，起锅并滤掉食材即可。

五蔬果高汤

6个月以上 增强免疫力

甜椒含有β胡萝卜素，有增强免疫力的功效，而且维生素C含量高，具有多种营养功效。

材料：
苹果1个、水蜜桃半个、甜椒1个、南瓜1/4个、玉米1根（去掉玉米粒）。

做法：
❶ 将苹果去皮切块、水蜜桃切片、甜椒去籽切块、南瓜去皮切块、玉米去掉玉米粒后，玉米棒一分为二。
❷ 取一个小锅，将所有食材通通放入，加水淹过食材后，再加盖移至电锅内。
❸ 电锅外放1杯水，按下开关，跳起后再重复此步骤共3次，即可起锅并过滤掉食材。

番茄莲藕高汤

6个月
以上
增强
体力

　　莲藕的铁含量很高，而且维生素C、膳食纤维高，有预防便秘、增强体力的功效。

材料：
番茄1个、莲藕半根、洋葱1个。

做法：
❶ 将洋葱去皮切片、莲藕切片、番茄切片。
❷ 取一个小锅，将所有食材通通放入，加水淹过食材，再加盖移至电锅内。
❸ 电锅外放1杯水，按下开关，跳起后再重复此步骤共3次，即可起锅并过滤掉食材。

昆布鸡骨高汤

8个月
以上
钙含
量高

　　昆布富含膳食纤维、多种矿物质（例如钙、钾等），是营养丰富的食材。

材料：
昆布1~2片、鸡胸骨1块。

做法：
❶ 将昆布先泡软，鸡胸骨用水煮过烫掉血水后捞起洗净。
❷ 准备一锅水，将昆布放入熬煮20分钟后，再加入鸡胸骨，用小火熬煮30分钟，起锅并滤掉食材即可。

高丽软骨高汤

8个月以上
改善久咳

山药含有特殊的"黏液蛋白"，能促进血液循环，还能改善久咳症状。

材料：

高丽菜6片、黄椒1个、猪软骨200g、山药1小节、香菇3朵。

做法：

❶ 猪软骨洗净，先汆烫一下去除血水。将山药去皮切片，高丽菜对切，黄椒去籽切片。

❷ 取一个小锅，将所有食材（除猪软骨外）通通放入，加水淹过食材后，再加盖移至电锅内。

❸ 电锅外锅放1杯水，按下开关，重复此步骤共3次，第3次再加入猪软骨熬煮，即可起锅并过滤掉食材。

鲜蔬软骨高汤

8个月以上
营养丰富

熬煮时要注意，猪大骨含铅量高，建议以猪软骨熬煮较适合。

材料：
牛蒡1小根、洋葱1个、猪软骨7块、高丽菜1/4小棵、胡萝卜半根。

做法：
❶ 洋葱、牛蒡去皮切丝，高丽菜切片，胡萝卜切片。再将猪软骨烫至七分熟，去除血水。
❷ 取一个小锅，将所有食材通通放入，加水淹过食材后，再加盖移至电锅内。
❸ 电锅外放1杯水，按下开关，跳起后再重复此步骤共3次，即可起锅并过滤掉食材。

玉米鲜蔬高汤

8个月以上
铁含量高

甜菜根含有丰富的铁质、纤维质，有补血及促进消化的功能。

材料：
玉米骨3根（去除玉米粒的玉米）、洋葱1个、番茄1个、甜菜根半根、胡萝卜半根、苹果半个。

做法：
❶ 将洋葱、苹果、甜菜根去皮切块，香菇、番茄、胡萝卜切片。
❷ 取一个小锅，将所有食材通通放入，加水淹过食材后，再加盖移至电锅内。
❸ 电锅外放1杯水，按下开关，跳起后再重复此步骤共3次，即可起锅并过滤掉食材。

甘蔗鲜蔬高汤

10个月以上
增强记忆

玉米的钙含量高，其所含的黄体素、玉米黄质能对抗眼睛老化，并刺激脑部、增强记忆。

材料：
甘蔗1/4根、洋葱半个、胡萝卜1根、玉米1根、大白菜5片。

做法：
❶ 胡萝卜、玉米去皮切块，大白菜洗净对切，甘蔗去皮切小段，洋葱去皮切片。
❷ 准备一锅水，先将甘蔗、洋葱、玉米、胡萝卜放入，煮滚后再熬煮30分钟。
❸ 最后加入大白菜熬煮30分钟，起锅并滤掉食材即可。

双骨高汤

10个月以上
营养丰富

加入多种食材熬煮，口味更鲜甜，食用时可以捞出油脂，较不油腻。

材料：
鸡骨3块、鱼骨3块、番茄1个、南瓜1/4个、胡萝卜半根、苹果半个。

做法：
❶ 鸡骨、鱼骨先行烫至七分熟，去掉血水后，将番茄、南瓜、胡萝卜、苹果切块或切片。
❷ 取一个小锅，将所有食材通通放入，加水淹过食材后，再加盖移至电锅内。
❸ 电锅外放1杯水，按下开关，跳起后再重复此步骤共3次，即可起锅并过滤掉食材。

干贝蔬果高汤

11个月以上 **增强体力**

干贝含有蛋白质、矿物质、钙、铁等多种营养素，有增强体力的功效。

材料：
胡萝卜1根、洋葱半个、高丽菜6片、马铃薯半个、苹果2个、干贝3粒、香菇4朵。

做法：

❶ 将部分材料去皮，切成薄片或丁状，香菇切4等份。

❷ 准备一锅水，放入所有食材，水需淹过食材，先用中火煮至水滚后，再用小火熬煮40分钟，起锅并滤掉食材即可。

鲜贝鸡骨高汤

番茄富含茄红素和多种营养素，而且膳食纤维含量高，有促进消化、预防便秘的功效。

材料：
番茄1个、干贝2粒、鸡骨4块、胡萝卜半根、香菇3朵。

做法：
❶ 鸡骨洗净，先汆烫一下去除血水。将胡萝卜去皮切片，干贝对切，番茄切片。
❷ 取一个小锅，将所有食材（除鸡骨外）通通放入，加水淹过食材后，再加盖移至电锅内。
❸ 电锅外锅放1杯水，按下开关，重复此步骤共3次，第3次再加入鸡骨熬煮，即可起锅并过滤掉食材。

番茄鱼骨高汤

吃辅食约一个半月之后，就可以尝试用鱼骨来熬高汤了，加入番茄熬煮，营养更丰富。

材料：
番茄2个（或生玉米1根）、鱼骨2块、洋葱半个。

做法：
❶ 鱼骨先煮至半熟，去掉血水后便捞起并洗净。
❷ 番茄用热水烫过去皮、切丁，洋葱也去皮切片。
❸ 煮一锅水，把番茄、洋葱下锅煮至水滚（水要淹过食材）。
❹ 转小火熬20分钟后，加入鱼骨再熬30分钟，起锅并滤掉食材即可。

枸杞鱼骨高汤

枸杞含有叶黄素及多种营养素，明目的功效很好，可以改善眼睛疲劳和视力退化。

材料：
枸杞1把、洋葱1个、虱目鱼骨5块、胡萝卜半根。

做法：
❶ 洋葱去皮切丝，胡萝卜切片，将鱼骨先行烫至七分熟，去掉血水。
❷ 取一个小锅，将所有食材通通放入，加水淹过食材后，再加盖移至电锅内。
❸ 电锅外放1杯水，按下开关，跳起后再重复此步骤共3次，第3次再加入枸杞，起锅后过滤掉食材即可。

番茄鲜贝高汤

胡萝卜富含纤维质，能促进肠胃蠕动、帮助消化，对健康功效很好。

材料：
番茄1个、干贝2粒、昆布2片（不需要先泡）、胡萝卜半根。

做法：
❶ 将胡萝卜去皮切片、干贝对切、番茄切片后备用。
❷ 取一个小锅，将所有食材通通放入，加水淹过食材后，再加盖移至电锅内。
❸ 电锅外放1杯水，按下开关，跳起后把昆布取出，再重复3次按下跳起的动作，起锅后过滤掉食材即可。

萝卜鱼骨高汤

11个月以上 增强免疫力

白萝卜含有维生素C、膳食纤维等营养素，具有增强免疫力、帮助消化的功效。

材料：
马铃薯1个、白萝卜半根、芋头1个、虱目鱼骨5块。

做法：
1. 马铃薯、白萝卜、芋头去皮切块，将鱼骨先行烫至七分熟，去掉血水。
2. 取一个小锅，将所有食材通通放入，加水淹过食材后，再加盖移至电锅内。
3. 电锅外锅放1杯水，按下开关，跳起后再重复此步骤共3次，即可起锅并过滤掉食材。

酪梨海鲜高汤

11个月以上 营养丰富

酪梨含有丰富的叶酸、纤维质等多种营养素，对人体的保健效果很有帮助，是很有营养的食材！

材料：
酪梨1个、柴鱼片少许、番茄1个、虾皮5只、胡萝卜半根、昆布2小片（不需要泡软）。

做法：
1. 将酪梨去皮切块，番茄切片，胡萝卜切块，虾皮洗净。
2. 取一个小锅，将所有食材通通放入，加水淹过食材后，再加盖移至电锅内。
3. 电锅外锅放1杯水，按下开关，跳起后再重复此步骤共3次，即可起锅并过滤掉食材。

鲜蔬牛骨高汤

1岁以上 增强免疫力

洋葱营养丰富，还含有多种硫化物，可以抗氧化、增强免疫力，具有强化体力的功效。

材料：
高丽菜1/4棵、洋葱半个、番茄1个、玉米骨少许、牛骨3块。

做法：
1. 将牛骨烫过去血水，再将番茄、高丽菜、洋葱切块备用。
2. 取一个小锅，将所有食材通通放入，加盖后移至电锅内，加水淹过食材。
3. 电锅外锅放1杯水，按下开关，跳起后再重复此步骤共3次，即可起锅并过滤掉食材。

甘蔗牛骨高汤

1岁以上 化痰止咳

甘蔗含有蔗糖、蛋白质、钙、磷、铁等营养，还有化痰止咳等功效。

材料：
甘蔗1/4根、洋葱半个、牛骨3块、苹果1个。

做法：
1. 牛骨用滚烫热水煮过，烫掉血水后捞起洗净。甘蔗去皮切小段，洋葱、苹果去皮切片。
2. 准备一锅水，先将甘蔗、洋葱、苹果放入锅里，煮滚后再熬煮30分钟。
3. 最后加入牛骨熬煮30分钟，起锅并滤掉食材即可。

PART
4

自制最安心！
宝宝零食点心、面包篇

手指食物、零食点心、蛋糕、面包自制最安心！
不用再担心钠含量问题，新手父母们自己动手做做看，
步骤简单又容易，零厨艺也能做出美味餐点！

手指食物

手指食物（Finger Food），就是指让宝宝练习抓取食物进食，这样能训练手与眼睛的协调度，还能锻炼宝宝的小肌肉。宝宝从6个月大开始（或是想伸手跟你抢汤匙的时候），就可以让他们练习了，基本上月龄越小的宝宝，因为抓握能力较不足，所需的手指食物尺寸也较大，这样才能让他们容易抓取。

注意 NOTE
还没长牙的宝宝，可以先给他们较软、易吞咽、易抓取的手指食物。

豆腐汉堡排

豆腐含有丰富的蛋白质、维生素、卵磷脂，对大脑的生长发育很有帮助。

材料:
有机豆腐半盒、猪肉馅200g、香菇1朵、胡萝卜少许、葱少许、酪梨油（或橄榄油）少许。

做法:
1 取1/3猪肉馅、葱、豆腐、香菇、胡萝卜，放入搅拌机或调理机切细碎。
2 将剩下的肉馅与步骤1混合并搅拌均匀，再捏成圆球。
3 取一个平底锅，放入酪梨油加热后，再放入肉球煎熟。
4 煎的时候压平，煎至两面金黄即可。

8个月以上
促进大脑发育

地瓜煎饼

8个月以上
促进消化

地瓜是天然抗癌食材，蛋白质、膳食纤维含量都很高，能促进消化、预防便秘。

材料：

地瓜半个、低筋面粉20g、水2小匙、酪梨油（或橄榄油）少许。

做法：

❶ 地瓜去皮刨短丝后，蒸熟备用。

❷ 面粉、水、油和地瓜丝加入搅拌，混合成面糊。

❸ 取一平底锅加热，抹油后倒入面糊，煎至双面金黄即可。

129

烤薯条

马铃薯含有丰富的维生素C、钾，而且富含膳食纤维，能帮助排便。

材料：
马铃薯2个。

做法：
① 将马铃薯洗净、切块，去皮，放入电锅，外锅用1杯水蒸熟。

② 蒸熟后的马铃薯压成泥，放凉后装入挤花袋内（或塑料袋，边角剪洞）。

③ 烤盘上放置一张烘焙纸，将马铃薯泥挤在烘焙纸上成条状。

④ 放入烤箱烘烤5～10分钟即可。

注意NOTE
生马铃薯遇高温容易产生致癌物，因此建议先蒸后烤。使用小烤箱也可以，请3～5分钟翻动一次，以免焦掉。

鸡肉鲜蔬肉排

8个月以上
提高免疫力

蘑菇的蛋白质含量非常高，甚至含有多种氨基酸，营养价值很高。

材料：
去皮鸡胸肉少许、高丽菜1片、芹菜1根、胡萝卜少许、蘑菇2朵。

做法：

1. 将所有食材放入调理机或搅拌机（手工切碎也可以）。

2. 把食材放入制冰盒里填满、塞紧实，放入冰箱冷冻1小时后取出。

3. 将肉排放入平底锅于煎至金黄色即可，或是放入烤箱烤熟。

香菇米煎饼

香菇能促进血液循环，还有助于钙质摄取，甚至有强健骨骼的功效。

材料：
米饭1碗、鸡胸肉少许、香菇1朵、葱花少许、鸡蛋1个。

做法：
1. 鸡胸肉、香菇、葱花切碎，加入米饭中搅拌均匀，再打入1个鸡蛋搅拌均匀。
2. 将步骤1的饭糊捏成圆饼状（可以用保鲜膜包起压紧实）。
3. 取平底锅，干煎至双面金黄即可。

珍珠丸子

胡萝卜能促进肠胃蠕动、帮助消化，含有β胡萝卜素，能有效地吸收维生素A。

材料：
胡萝卜少许、猪肉馅1团（约拳头大小）、青葱半根、香菇4朵、马铃薯少许、麻油（或香油）少许、大米1杯（洗过泡半小时）。

做法：
1. 滴2～3滴麻油到猪肉馅里，再稍微抓一下。
2. 除大米以外的材料，全部放入搅拌机或调理机打细碎。
3. 将打碎的食材抓成小圆球，直接滚上大米，并放入容器里。
4. 放入电锅，外锅用1杯水，蒸至开关跳起即可。

南瓜鸡肉煎饼

10个月以上
富含蛋白质

南瓜含有天然的胡萝卜素、蛋白质、维生素C，食用时建议去皮去瓤切丁蒸熟。

材料：
酪梨油（或橄榄油）少许、南瓜半个、鸡胸肉少许、葱少许、苋菜2根、鸡蛋1个。

做法：

❶ 将南瓜对半切开后，放入电锅蒸熟，去皮去瓤压成泥状。

❷ 苋菜、葱、鸡胸肉切细碎或切成丁状。

❸ 将南瓜泥、苋菜、葱、鸡肉、鸡蛋全部混合搅拌均匀，整形成圆饼状。

❹ 取平底锅热锅后，倒入酪梨油并放入南瓜鸡肉饼，将其煎至双面金黄即可。

Just for You

鸡肉面条蛋煎

建议挑选低钠面条给宝宝食用，这样才不会对肾脏造成负担。

材料：

鸡胸肉少许、鸡蛋1个、低钠面条1小把、酪梨油（或橄榄油）少许。

做法：

❶ 鸡胸肉切细碎后，把面条跟鸡肉先烫熟捞起备用。

❷ 鸡蛋打入蛋盆，与鸡胸肉拌均匀。

❸ 取平底锅，热锅后倒入少许酪梨油，再将面条放入铺平。

❹ 倒入鸡肉蛋糊，煎至两面金黄，约可做4份。

迷你鸡蛋饭卷

10个月以上 帮助消化

胡萝卜能帮助肠胃蠕动、帮助消化，富含的 β 胡萝卜素还能转化为维生素A。

材料：

米饭半碗、胡萝卜少许、鸡蛋2个，酪梨油（橄榄油）少许。

做法：

1. 胡萝卜烫熟，打成泥状并与米饭混合搅拌。
2. 将蛋打入碗里打散成蛋液，准备一个大汤匙备用。
3. 平底锅热锅后，锅底抹少许酪梨油，转小火并将蛋液用大汤匙倒入（约半个手掌大小）。
4. 挖取少许饭放入锅内蛋液中，待底部成形后，卷起即可。

不烘炸鸡块

10个月以上 增强体力

鸡胸肉含有丰富的蛋白质、B族维生素，脂肪含量少，有增强体力的功效。

材料：

鸡胸肉1小块、洋葱少许、蛋黄1个、玉米粉少许、面粉少许、盐少许、水少许。

做法：

1. 洋葱、鸡肉放入搅拌机里，搅打成细碎状后，再放入蛋盆里，与盐、玉米粉、蛋黄搅拌均匀。
2. 加入少许面粉与水，混合成鸡肉泥。另外再准备少许面粉混合水成黏稠状，备用。
3. 取适量鸡肉泥，整形后，蘸取刚刚调和的面粉水，放入平底锅内煎至双面金黄即可。

法国小方块

10个月
以上
促进大脑
发育

鸡蛋含有DHA、卵磷脂、维生素A，可以促进大脑发育，对身体健康有很大的功效。

材料：

吐司1片、鸡蛋1个、油少许。

做法：

① 将吐司切块，放旁备用。

② 取平底锅并倒油，将吐司蘸蛋液后放入锅中煎。

③ 煎至双面金黄即可。

高丽菜饭卷

10个月
以上

钙含
量高

高丽菜营养丰富，其中钙、铁、磷的含量名列各类蔬菜的前五名，又以钙含量最丰富。

材料：

酪梨油（或橄榄油）少许、米饭半碗、胡萝卜少许、鱼片少许、高丽菜叶5片（与小孩手掌差不多大小）。

做法：

① 取平底锅，热锅后倒入少许酪梨油，将米饭、胡萝卜（切碎）、鱼肉片（切碎）等食材拌炒至熟。

② 高丽菜叶烫熟后，将步骤1的食材用小汤匙挖1~2匙，平铺于高丽菜叶上。

③ 与包春卷手法相同，紧紧卷起即可。

百菇煎饼

10个月
以上
营养
丰富

加入了各式菇类、洋葱、胡萝卜、马铃薯的煎饼，营养丰富又好吃。

材料：

香菇4朵、金针菇少许、杏鲍菇少许、洋葱1/2个、胡萝卜少许、马铃薯少许、低筋面粉少许、水150mL、盐少许、油少许、鸡蛋1个。

做法：

1. 香菇、金针菇、杏鲍菇、洋葱、胡萝卜、马铃薯全部切细碎，备用。
2. 鸡蛋和香油加入蛋盆内搅拌，并将面粉过筛加入，再加入水搅拌至无颗粒。
3. 把步骤1的食材倒入搅拌均匀，使其成为面糊。
4. 取一个平底锅，倒入少许油并热锅后，再倒入面糊并晃动平底锅使其平铺，煎至两面金黄即可。

彩色小饭团

黑木耳的蛋白质、维生素B_2、铁、钙的含量都很高，还含有丰富的纤维素，是非常营养的食材。

材料：

鸡肉少许、黑木耳少许、胡萝卜1根、大米半杯、葱花少许。

做法：

1. 将鸡肉、木耳、胡萝卜切碎备用。
2. 大米洗净后，将步骤1的食材混入大米中。
3. 加入1杯水（或高汤）搅拌，并放入电锅，外锅用1杯水蒸熟。
4. 将葱花拌入刚起锅的米饭中，取小团米饭捏成小圆球整形即可。

香菇葱肉饼

香菇含有"麦角固醇"，经紫外线照射后能转变为维生素D_2，能帮助钙质吸收。

材料：

酪梨油（或橄榄油）少许、香菇3朵、猪肉馅1小球、高丽菜叶5片、葱1根、水饺皮适量。

做法：

1. 将高丽菜、香菇、葱切细碎，备用。猪肉馅用手反复抓捏，抓出猪肉馅的黏稠筋性。
2. 高丽菜、香菇、葱、猪肉馅混合拌匀后，盖上保鲜膜冷藏半小时。
3. 取一张水饺皮，舀上馅料后，再盖上另一张水饺皮，将周围捏紧。
4. 取平底锅热锅后，倒些酪梨油平铺锅底后，将香菇葱肉饼下锅干煎至两面金黄即可。

11个月
以上
帮助
钙吸收

吻仔鱼煎饼

吻仔鱼钙含量丰富，还含有维生素A、维生素C等营养，而且鱼骨细软，很容易被人体消化吸收。

材料：

酪梨油（或橄榄油）少许、香菇1朵、高丽菜3片、吻仔鱼少许、鸡蛋1个、低筋面粉20g、水少许。

做法：

1. 将香菇、吻仔鱼、高丽菜切细碎，备用。
2. 取鸡蛋打入蛋盆后，将步骤1的食材放入搅拌混合，再放入面粉搅拌成面糊。
3. 取平底锅，底部抹上些酪梨油后，将面糊倒入。
4. 趁面糊定型前平铺薄薄一层在锅底，煎至两面金黄即可起锅切片。

1岁
以上
钙含
量高

玉子烧

1岁以上 富含蛋白质

鸡蛋富含蛋白质与卵磷脂，而菠菜含有维生素C、胡萝卜素，对人体健康有很好的功效。

材料：

酪梨油（或橄榄油）少许、鸡蛋4个、菠菜少许、奶酪1片。

做法：

① 菠菜切细碎备用，鸡蛋混合打散备用。

② 取平底锅，热锅后倒入些酪梨油，转小火将鸡蛋倒入锅内（摇动至平铺），底部微微凝固时放入菠菜。

③ 鸡蛋煎至六七分熟时，放入奶酪片，慢慢卷起切块即可。

牛肉薯饼

牛肉含有丰富的蛋白质、铁质，容易被人体吸收，因此对生长发育很有帮助。

材料：
牛肉馅100g、马铃薯2个、玉米粉少许、油少许。

做法：
1. 马铃薯洗净并去皮、切块，蒸熟后压碎成泥，放凉备用。
2. 将牛肉馅抓捏出筋性，与马铃薯泥混合搅拌，整形成圆饼状成薯饼，外围涂抹上薄薄的玉米粉。
3. 平底锅下油热锅后，放入薯饼干煎至双面金黄即可。

注意 NOTE
也可使用烤箱烤熟，但时间要视薯饼的厚薄度而有不同。

1岁以上 铁含量高

鲜蔬牛肉丸子

混合了牛肉馅、胡萝卜、洋葱、鸡蛋的牛肉丸，很适合当宝宝的营养点心。

材料：
牛肉馅200g、胡萝卜1/3根、洋葱1/4个、鸡蛋1个。

做法：
1. 胡萝卜、洋葱切细碎，备用。牛肉馅抓捏出筋性后，放入胡萝卜、洋葱混合拌匀。
2. 将牛肉泥用手挤成一颗颗牛肉丸，放入盘内。
3. 放入电锅，外锅用一杯水蒸熟即可。

注意 NOTE
不想用电锅的话，也可以煮一锅水，将牛肉丸放入烫熟。

1岁以上 营养丰富

迷你虾饼

1岁以上
富含蛋白质

虾仁富含蛋白质、矿物质、镁，对人体健康有很好的功效。

材料：

【**饼皮材料**】低筋面粉70g、鲜奶25mL、油5mL、玉米粉5g、盐少许。

【**内馅材料**】虾仁（去肠泥）5只、葱少许。

做法：

❶ 面粉、鲜奶、油、盐、玉米粉混合成面团，混合后用保鲜膜或袋子装起来，放进冰箱冷藏20分钟。

❷ 面团拿出来放至平台上，分割成4～5等份，用擀面杖擀成薄皮，再用圆模压好，备用。

❸ 将葱切碎后，与虾仁一起放入搅拌机搅打成泥，再取两片自制饼皮，除周围以外都抹上薄薄的虾泥，抹完后再封口。

❹ 平底锅热锅，刷上油，开小火煎至金黄色即可起锅。

注意 NOTE
步骤1～2都是在制作饼皮，若没时间或懒得做的，也可以直接用馄饨皮来取代。

143

零食点心

想要让宝宝偶尔吃些小点心，却又担心市售的零食点心含钠量太高，甚至有太甜、太咸等问题的话，不妨试试自制点心吧！

自制点心并没有你想象中那么难，很多都是用电锅、烤箱就能完成，家长们不妨动手来做做看吧！但是各位家长还是要注意一下，宝宝还是要以正餐为主，零食点心只是偶尔给宝宝尝一下鲜，千万别让宝宝吃太多点心，否则会影响正餐。

芝麻糊

黑芝麻与大米，可以制作出营养健康的芝麻糊，是一款适合宝宝的营养点心。

材料：
黑芝麻100g、大米（浸泡至少3小时）50g、水80mL（打发大米用）、水600mL。

做法：
1. 黑芝麻放入平底锅，转小火炒香后，再将米与80mL的水用果汁机或调理机打成米浆并且过筛。
2. 600mL的水与黑芝麻，一样用果汁机或调理机打成芝麻浆并过筛。
3. 米浆与芝麻浆混合后，放至炉上煮滚至微稠即可。

注意 NOTE
1岁以上的宝宝食用，可以在步骤3加入冰糖10g。

6个月以上
钙含量高

芝麻奶酪

6个月以上
钙含量高

黑芝麻营养丰富，除了钙、铁含量丰富外，还含有头发生长所含的脂肪酸，能维持头发健康，还能促进智力发育。

材料：

配方奶（或母乳）160mL、吉利丁粉5g、黑芝麻粉10g。

做法：

① 配方奶先加热，并将吉利丁粉放入溶解，接着放入一半的黑芝麻粉搅拌。

② 分装至容器后，冷藏约1小时，每杯再平均撒上剩下的黑芝麻粉即可。

双色果冻

6个月以上
营养丰富

百香果、柳橙都是营养丰富的水果，市售果汁含糖量高，建议自己打成果汁来制作。

材料：

百香果汁120mL、柳橙汁100mL、吉利丁片2片。

做法：

❶ 将吉利丁片分开剪小泡软。

❷ 用1大匙的冷水将1片吉利丁片加热溶解成吉利丁液，再与柳橙汁混合搅拌均匀，并放入容器内（倒至容器一半即可），冷藏12小时。

❸ 用1大匙冷水将另一片吉利丁片加热溶解，将百香果汁与吉利丁液混合搅拌均匀成百香冻液，倒回刚刚放柳橙冻的容器内（叠至上层），放回冰箱冷藏2小时即可。

配方奶雪花糕

材料用配方奶或母乳都可以，自制零食点心给宝宝食用，就不用担心添加物和钠含量高的问题。

材料：
配方奶（或母乳）160mL、玉米粉25g。

做法：

❶ 先把100mL的配方奶（或母乳）加热后，再将60mL的配方奶（或母乳）与玉米粉混合，并搅拌均匀成玉米奶。

❷ 将玉米奶慢慢倒入加热的配方奶（或母乳）中，开小火熬煮（要一直搅拌，小心别煮焦了），煮5～10分钟至浓稠。

❸ 分装至容器后冷藏约1小时（可放入蛋糕膜或保鲜盒内），最后从容器里倒出，并切小块即完成。

地瓜薄片

6个月
以上
预防
便秘

地瓜含有丰富的蛋白质、膳食纤维、多种营养素，能促进肠胃蠕动、帮助排便、预防便秘。

材料：
地瓜1个。

做法：

❶ 将地瓜去皮、蒸熟后，切成薄片或切丝。

❷ 均匀摆入烤盘，以110℃烤约10分钟（用烤箱或微波炉加热均可）。

PRIDE OF PLACE

 小面蛋黄饼

7个月
以上
促进大脑
发育

蛋黄是鸡蛋里的精华，营养成分高，而且富含DHA、卵磷脂，所以能促进大脑发育。

材料：

蛋黄2个、低筋面粉100g、糖少许、橄榄油20g。

做法：

① 蛋黄、糖、橄榄油搅拌均匀后，加入过筛之面粉混合成面团。

② 将面团擀平后，压模放进小烤箱，烤5～10分钟即可。

小馒头

马铃薯淀粉粉质比较细密而且黏稠性较高，常用来制作各式小点心。

材料：

马铃薯淀粉120g、细砂糖25g、蛋黄1个、水少许、配方奶粉15g。

做法：

❶将蛋黄和细砂糖混合，打到泛白后，再放入奶粉和马铃薯淀粉。

❷混合后若无法成形，则可以加点水，直到可以揉成小面团。

❸像搓汤圆一样搓小块，并刷上蛋黄液，烤箱预热140℃（大小烤箱皆可），烤10~15分钟即可。

7个月以上 富含蛋白质

黑糖拉拉棒

用黑糖做出来的拉拉棒，甜甜的风味又散发奶香，很受宝宝喜爱。

材料：

无盐黄油（或橄榄油）30g（30mL）、黑糖20g、蛋1个、低筋面粉130g。

做法：

❶将奶油、黑糖粉过筛后，放入鸡蛋搅拌，最后加入低筋面粉过筛，慢慢揉成不粘手的面团。

❷盖上保鲜膜，放进冰箱静置30分钟，取出后擀成1~3cm的厚度，再切成一条条的形状。

❸将每条随意扭转后，放入烤箱烤约25分钟（170℃），用小烤箱烤也可以。

7个月以上 钙含量高

黑糖红豆汤

7个月
以上

增强
抵抗力

红豆含有膳食纤维和多种维生素，其铁质含量高，能促进血液循环、强化体力、增强抵抗力。

材料：
红豆适量、黑糖25g、老姜1节。

做法：

1. 老姜磨成末，备用。
2. 红豆洗净放入锅内，加1000mL的水，放入姜末、黑糖，转中小火煮30分钟后，再闷20分钟。
3. 使用电锅的人，可以用1杯半的水煮到开关跳起后，再重复2～3次至红豆软烂即可。

快速柠檬爱玉

柠檬含有维生素C、维生素E、柠檬酸等多种营养素，有助于强化记忆力、预防骨质疏松。

材料：
柠檬1个、糖水（细砂糖35g+水50mL煮成）、爱玉10g、水150mL。

做法：
1. 将水跟爱玉一起倒入果汁机内，用最低速打30~60秒。
2. 倒入容器内，同时一并过滤掉爱玉，装盒冷藏40分钟，放入少许柠檬汁、糖水，加上切块的爱玉，调成一碗即可。

黑糖小馒头

黑糖含有丰富的维生素和矿物质，而且钙含量高，是很有营养的食材。

材料：
马铃薯淀粉120g、黑糖20g、蛋黄1个、水15mL。

做法：
1. 将黑糖和蛋黄混合均匀，再把马铃薯淀粉过筛后放入蛋盆，与黑糖蛋液混合。
2. 倒入约15mL的水，混合成面团（面团不粘手）。接着在工作台上放一张烘焙纸，撒点马铃薯淀粉，并将面团移出。
3. 将面团分成小等份搓成小圆球，每个都刷上蛋黄液，烤箱预热150℃（大小烤箱皆可），烤10～15分钟即可。

水果QQ糖

吉利丁片（Gelatine）是从动物的软骨所提炼出来的胶质，也称为明胶或鱼胶，常用于制作甜点。

材料：
柳橙汁80mL、吉利丁片6片。

做法：

❶ 吉利丁片用冷水泡软后，再放入1大匙冷水，将吉利丁片煮至溶解，并加入柳橙汁搅拌一下。

❷ 将吉利丁液倒入制冰盒中，放入冰箱冷藏12个小时后即可取出。

银耳莲子粥

8个月以上
增强免疫力

银耳含有蛋白质、多种矿物质、维生素等，能增强免疫力、保健肠道。

材料：
银耳4片、莲子1汤匙、米饭或隔夜饭1碗、冰糖5g。

做法：
1. 将莲子、木耳泡水1小时后，放入搅拌机或调理机搅碎。
2. 煮一小锅水，将莲子和银耳加入，再放入冰糖，最后加入米饭继续搅拌，煮滚即可。

注意NOTE
若是2岁以上儿童食用，冰糖可增加至10g。

米饼

8个月以上
营养丰富

可以任选地瓜泥或蔬菜泥，不管是哪一种都是对宝宝健康很有帮助的营养食材。

材料：
米饭（或隔夜饭）1小碗、地瓜泥（蔬菜泥）30g。

做法：
1. 把米饭、地瓜泥混合，用搅拌棒打碎变成黏稠状。
2. 烤盘铺上烘焙纸，将打稠的米饼泥用刮刀薄薄抹在烤盘上，大小可以依个人喜好而定。
3. 放入烤箱内烘烤约15分钟，每5分钟看一下状况，拿筷子戳一下，如果米饼变得酥脆，即可出炉。

杏仁瓦片

杏仁含有丰富的矿物质和膳食纤维，能促进肠道蠕动、改善便秘。

材料：

低筋面粉45g、砂糖15g、无盐黄油25g、杏仁片90g、盐1g、蛋白2个。

做法：

① 将无盐黄油先行熔化，并将所有材料混合成面糊。

② 取平底锅热锅，将面糊用两个汤匙平抹于锅底，可分小块抹，也可以整片抹，抹薄一点会比较快熟。

③ 盖上盖子，用小火慢煎约15分钟，让薄片变成金黄色即可。

柳橙蛋白饼

柳橙含有大量的维生素C、锌、叶酸，所以有开胃整肠、预防感冒的功效。

材料：

柳橙汁150mL、蛋白1个、米粉30g。

做法：

1. 米粉、柳橙汁先行搅拌均匀，备用。
2. 将蛋白打发至硬性发泡（用汤匙挖起后，蛋白不会滴下），打好后分3次，用刮刀混入步骤1。
3. 将步骤2放入挤花袋中，并剪开边角，挤一小堆至烤盘上，用130℃烤15分钟即可。

8个月以上
预防感冒

黑糖莲藕Q糕

莲藕含有丰富的铁质，还有纤维、维生素，能预防便秘。

材料：

黑糖50g、水120mL、低筋面粉40g、莲藕粉20g、玉米粉10g、橄榄油5g。

做法：

1. 黑糖与60mL的水用小火煮至溶解成黑糖液（不用滚，只要黑糖溶解即可）。
2. 面粉、莲藕粉、玉米粉过筛后，加入黑糖液里，搅拌均匀。
3. 将橄榄油、60mL水加入搅拌均匀，倒入容器内后再放入电锅，外锅用1杯水，开关跳起后闷5分钟即可。

注意NOTE
闷完后即可先将电锅开小缝，等放凉后再取出。

8个月以上
铁含量高

红枣黑木耳露

8个月以上
预防便秘

红枣、黑木耳富含多种营养，能补血补气，而且膳食纤维高，能预防便秘、帮助排便。

材料：
红枣3颗、黑木耳100g、黑糖10g、水500mL。

做法：
1. 木耳去蒂头汆烫2分钟，捞起后洗净切碎。红枣洗净去籽切碎。
2. 将红枣、木耳、黑糖与500mL水混合后，放入电锅内，电锅外锅放1杯半的水后按下开关，待跳起即可。

柳橙包心砖

8个月
以上
促进
消化

柳橙富含丰富的膳食纤维和维生素C，能促进消化、帮助排便。

材料
柳橙汁200mL、吉利丁片2片、苹果丁（或其他水果丁）少许。

做法

① 吉利丁片用冷水泡软后，把200mL柳橙汁放入煮溶吉利丁片。

② 倒入小果冻模具中（每格倒一半），再将苹果丁或其他水果丁放入模具里，再倒柳橙液至八分满。

③ 将模具放冰箱冷藏4～5小时后，再取出脱模即可。

姜汁双色甜汤

8个月
以上
预防
便秘

芋头、地瓜都是营养丰富的食材，能增强体力、预防便秘，而且抗癌功效很好。

材料：
芋头半个、地瓜1个、糖15g、姜末50g。

做法：
1. 将芋头、地瓜去皮切小块，备用。
2. 取一锅水并将所有食材放入，加水至七分满。
3. 电锅外锅放入2杯水，按下开关，待开关跳起再闷5分钟即可。

注意NOTE
想再煮软烂一点，可以重复步骤3约2次。

♥双泥卷心

9个月
以上
预防
便秘

地瓜、芋头都是富含膳食纤维的营养食材，将其制作成点心，能让宝宝吃得营养又健康。

低筋面粉50g、鲜奶（或配方奶、母乳）170mL、鸡蛋1个、米粉10g、地瓜泥少许、芋泥少许。

做法：

1. 将奶类、鸡蛋搅拌均匀，加入面粉、糖、盐等粉类搅拌。

2. 用刷子将平底锅抹上一层薄薄的油，把面糊舀入平底锅，用汤匙抹开，越薄越好（但不要破了）。

3. 转中小火将煎饼煎熟（一面约30秒），最后将饼皮抹上地瓜泥、芋泥后卷起即可。

NOTE
可先涂一层地瓜泥，再叠上一层芋泥。

地瓜圆姜汤

10个月以上
预防感冒

姜汤有预防感冒的功效，搭配地瓜、黑糖、红枣等食材，就是一道营养健康的点心。

材料：

姜末50g、地瓜1个（约200g）、马铃薯淀粉80g、黑糖30g、红枣5颗。

做法：

1. 地瓜用电锅蒸熟后，压成地瓜泥，再和马铃薯淀粉混合成面团，并整形成小圆球。

2. 取一个锅，加入适量水、姜末，把黑糖、红枣先煮滚一轮，最后放入整形好的地瓜圆，煮滚即可。

奶油煎饼

鸡蛋、鲜奶都是营养丰富、富含蛋白质的食材，用其制作点心能让宝宝吃得健康又营养。

材料：

低筋面粉90g、鲜奶（或配方奶、母乳）70mL、鸡蛋2个、无盐黄油30g（室温放软）、盐1g、糖5g。

做法：

❶ 将鲜奶、鸡蛋、无盐黄油搅拌均匀后，再加入面粉、糖、盐等粉类搅拌均匀，使其成为面糊。

❷ 平底锅抹上一层薄薄的油，并将面糊舀入平底锅，转中小火煎至金黄、双面熟（约1分钟）。

豆浆雪花糕

豆浆被誉为"植物性牛奶"，含有多种维生素、矿物质、大豆蛋白质等丰富的营养。

材料：

豆浆160mL、玉米粉25g、黑芝麻细粉少许、细砂糖10g。

做法：

❶ 豆浆100mL与糖加热，备用。再将60mL的豆浆与玉米粉混合成"玉米豆浆"，并搅拌均匀。

❷ 把"玉米豆浆"慢慢倒入加热的豆浆中，开小火熬煮（小心别煮焦了，要一直搅拌5~10分钟）至浓稠状。

❸ 分装至容器后冷藏约1小时（可放蛋糕膜或保鲜盒），倒出容器并切小块，滚上黑芝麻细粉即可。

苹果布丁

10个月
以上
提高
记忆力

苹果富含多种营养，还能提高记忆力、保持泌尿系统健康，对宝宝的好处多多。

材料

鸡蛋1个、配方奶（或母乳）250mL、苹果汁50mL。

做法

① 配方奶跟苹果汁先行搅匀，再打入1个鸡蛋。

② 将步骤1用滤网过滤3～4次后，再倒进容器里。

③ 用电锅隔水加热，外锅1杯水，锅盖开个小缝，开关跳起后即可。

注意NOTE
1岁以上的宝宝食用，也可将奶类换成鲜奶。

芝麻布丁

10个月以上

钙含量高

黑芝麻富含钙、铁，还有B族维生素等多种营养素，对人体好处多多。

材料：

鸡蛋1个、蛋黄1个、配方奶（或母乳）200mL、黑芝麻10g。

做法：

① 将鸡蛋、蛋黄、配方奶（或母乳）打散混合成蛋液后，过筛2次再加入芝麻粉拌匀，倒入容器内备用。

② 将布丁放蒸架上，盖上电锅盖，用筷子使锅盖盖上时留些缝隙。电锅外锅放1杯水，待开关跳起即可。

注意NOTE

1岁以上的宝宝食用，也可以将奶类换成鲜奶。

八宝粥

黑米是糯米的一种，膳食纤维含量高，有助于预防便秘。

材料：
红豆1小匙、燕麦1大匙、龙眼干少许、红枣3颗、黑米40g、黑糖10g、莲子少许。

做法：
1. 将红豆、黑米、燕麦先泡水2小时，再用400mL的水煮开。
2. 红豆、莲子捣碎后，把所有食材放入锅里，持续搅拌至开锅10分钟后，再闷20分钟。

注意NOTE
步骤2也可以用电锅，外锅放1杯水，待开关跳起直接闷10分钟即可。

蓝莓果酱

蓝莓富含花青素、维生素C，还有很强的抗氧化力，甚至还有保护眼睛、让视野清晰的功效。

材料：
蓝莓275g、冰糖10g。

做法：
1. 蓝莓对切或切4等份，拌入冰糖静置1小时，每10分钟搅拌一次让果胶释出。
2. 放入电锅，外锅放1杯水、内锅加盖，开关跳起后再重复2次，即可装罐。

软式可丽饼

1岁
以上

富含
蛋白质

加入鲜奶的可丽饼，浓浓的奶香与甜甜的滋味，是相当受孩子喜爱的料理之一。

材料：

低筋面粉110g、鲜奶310mL、橄榄油少许、玉米粉10g、黄油30g、冰糖5g、盐少许。

做法：

1. 面粉、鲜奶、糖、盐、玉米粉、熔化后的黄油，通通倒入盆中，混合成面糊。
2. 混合后的面糊放入冰箱冷藏（至少30分钟），备用。
3. 取平底锅，热锅后刷上薄薄的橄榄油（或黄油），用汤匙舀入1大匙面糊（薄薄的），摇动锅子均匀摊平。
4. 用中火煎1分钟左右，翻面再煎1分钟，即可起锅。

水果麦仔煎

水果丁可以自行搭配，让孩子就算是吃点心，也能增添营养。

材料：

中筋面粉160g、鸡蛋1个、细砂糖20g、鲜奶90mL、橄榄油10mL、酵母粉2g、黑芝麻粉少许、白芝麻粉少许、水果丁少许（自行搭配）。

做法：

❶ 先将黑芝麻粉、白芝麻粉混合搅拌（要用熟芝麻），备用。

❷ 将其他材料搅拌均匀至无颗粒面糊后，室温静置1小时。

❸ 取平底锅，热锅后转微小火倒入一半面糊，煎到底部金黄、表面有气泡时，放入备用的混合芝麻粉并对折（煎到气泡泛白就对折）。

❹ 继续煎至浅咖啡色后，即可起锅，起锅后折成三角形，上面再铺上水果丁即可。

奶酪丝米饼

奶酪拥有丰富的蛋白质、矿物质、维生素，而且钙质含量也很高。

材料：

米饭1碗、奶酪丝30g、鸡蛋1个。

做法：

❶ 将材料全部搅拌均匀后，放入平底锅中铺平。

❷ 用汤匙压紧实后，加盖并用小火慢煎约15分钟。

❸ 偶尔翻面，直至双面金黄即可。

鲜奶芋丝粿

芋头的营养丰富，钙、磷、铁等矿物质含量高，还有预防牙齿退化的功效。

材料：
芋头半个、米粉200g、鲜奶200mL。

做法：
1. 芋头切块，用搅拌机或调理机打细碎。
2. 将鲜奶、米粉搅拌均匀后，把芋头放入，放置容器内蒸熟即可。

蜂蜜芋泥球

1岁以上
提高免疫力

蜂蜜含有葡萄糖、果糖、类黄酮素，有消除疲劳、提高免疫力等功效，但建议1岁以上再食用。

材料：
芋头300g、黄油（橄榄油）10g、蜂蜜10mL、鲜奶少许（可用水取代）10mL。

做法：
1. 芋头去皮切丁蒸熟后，蜂蜜、黄油、鲜奶趁热拌入，压成芋头泥。
2. 用冰淇淋勺挖取成圆球状，将芋泥球放入杯盒内，再放入冰箱冷藏即可。

注意NOTE
小孩未满1岁食用的话，可将鲜奶换成配方奶或母乳，蜂蜜换成砂糖或黑糖。

百香鲜奶酪

1岁以上
促进消化

百香果富含多种维生素、蛋白质、膳食纤维，还有帮助消化、止咳化痰等功能。

材料：
吉利丁1片、鲜奶150mL、百香果1个。

做法：
1. 百香果切开，取出百香果肉备用。用水把吉利丁泡软，备用。
2. 把泡软的吉利丁放入鲜奶里加热，温度不用过高，只要让吉利丁溶化即可。
3. 过滤泡泡后装瓶，放进冰箱冷藏2小时后，再铺上百香果肉即可。

芋头西米露

1岁以上 预防便秘

芋头含有钙、磷、铁、多种矿物质，而且纤维质高，可以预防便秘。

材料：
芋头300g、西米100g、冰糖少许、鲜奶少许（可不用）。

做法：

1. 芋头切块放入锅中，加水淹过芋头后，放入冰糖，装入容器内。将容器放入电锅，外锅用1杯水闷煮2次。

2. 将煮好的芋头放凉，再以果汁机或调理机打成泥。

3. 西米加入2倍的水，煮约10分钟呈透明状，捞起后以冷水冰镇，再将西米放入芋泥里，搅拌均匀即可。

注意 NOTE
西米需以小火熬煮，并不停搅拌、适时加水，才不会粘锅底。

香甜炖奶

炖奶需准备的材料很少，做法又简单，也可以尝试将鲜奶改成母乳或配方奶食用。

材料：
蛋白1个、鲜奶160mL。

做法：
① 将蛋白与鲜奶打散，放入容器内。
② 容器放入电锅里，外锅用半杯水，按下开关待跳起即可。

黑糖雪花糕

牛奶含有丰富的蛋白质、维生素、矿物质、钙、铁，能促进肠胃蠕动、增强骨质密度。

材料：
鲜奶160mL、玉米粉25g、黑糖粉少许。

做法：
① 100mL的鲜奶加热，备用。
② 把60mL的鲜奶与玉米粉搅拌均匀，混合成"玉米奶"。
③ 玉米奶慢慢倒入加热的鲜奶中，开小火熬煮至浓稠状即可（煮5～10分钟，要一直搅拌，避免煮焦）。
④ 分装至容器里（可放蛋糕膜或保鲜盒），放入冰箱冷藏约1小时后，倒出容器、切小块，滚上黑糖粉即可。

171

铜锣烧

1岁半以上
促进血液循环

红豆是高蛋白、低脂肪的食物，且富含铁质，能促进血液循环、增强抵抗力。

材料：
鸡蛋2个、高筋面粉130g、无铝泡打粉1g、无盐黄油10g、蜂蜜20mL、细砂糖20g、鲜奶40mL、红豆泥（红豆汤先行炒干水分，加入黄油增加黏性）。

做法：

① 将面粉和细砂糖过筛后备用，接着把蛋打散后加入无盐黄油、蜂蜜、鲜奶搅拌均匀，再拌入过筛后的粉类、泡打粉搅拌均匀，放入冰箱冷藏30分钟。

② 冷藏后面糊变稠，可加入少许鲜奶调至表面光滑，然后取平底锅预热，并倒入面糊以小火煎至表面起小泡即可翻面。

③ 最后取两片煎好的铜锣烧皮，加入红豆泥内馅即可。

注意NOTE
加入泡打粉后，全蛋就不需打发，若不想加泡打粉，则需将全蛋、细砂糖先行打发，再加入其他材料，且不需冷藏，可以直接食用。

芒果鲜奶布丁

2岁
以上
促进
排便

芒果是高过敏性水果，建议2岁以后再食用，或是也可以将芒果换成其他水果来制作布丁。

材料：

芒果适量、鸡蛋1个、鲜奶140mL。

做法：

① 芒果打成泥或汁后，与鸡蛋、鲜奶搅拌均匀，过滤后放入容器内。

② 放入电锅蒸架上，盖上锅盖，并用筷子使锅盖留点缝隙。外锅放1杯水，按下开关后，待开关跳起取出即可。

注意 NOTE
也可以用烤箱，温度设定200℃，烤盘装半满的水，再放入布丁瓶，烤12～15分钟即可。

宝宝零食点心·面包篇

蛋糕、面包

蛋糕、面包的制作会比较费时，因为必须等待面团发酵，但有着烘焙情结的家长可以试试看，因为自己亲手做的爱心牌糕点，一定会赢过市面上的糕点，而且不含其他添加物，也能让宝宝吃得比较放心和安心！

地瓜蛋糕

地瓜、蛋黄都是营养丰富的食材，地瓜还有预防便秘、促进消化的功效。

材料：

地瓜410g、蛋黄3个、无盐黄油40g（放室温软化）、细砂糖10g、鲜奶30mL、盐1g。

做法：

1. 地瓜去皮蒸熟后，用调理机或搅拌棒搅打成泥。无盐黄油切小块，备用。
2. 地瓜倒入蛋盆之后，趁微温将小块无盐黄油、糖、盐倒入，再加入2个蛋黄搅拌均匀。
3. 鲜奶慢慢倒入拌匀，最后倒入挤花袋，不需放花嘴直接挤到玛芬模中。
4. 将第3个蛋黄打散成蛋液，涂在蛋糕表面后放入烤箱预热160℃，烤25分钟即可。

黑糖馒头

黑糖除了有丰富的维生素，还富含钙、铁，对人体健康很有帮助。

材料：

低筋面粉100g、中筋面粉460g、黑糖60g、鲜奶（或配方奶、母乳）300mL、盐0.5g、速发酵母粉5g。

做法：

1. 将材料倒入面包机或打蛋盆，混合搓揉成一个光滑不粘手的面团，然后盖上湿布静置25分钟。
2. 将面团移到工作台上，分切成每个约60g后，擀开卷起整形，收口朝下。
3. 再次发酵50分钟（可以煮一锅温水，将蒸笼放上，微温发酵比较快）。
4. 将发酵好的面团，开大火蒸煮20分钟即可出炉。

注意 NOTE
蒸好后可先将锅盖开小缝，让馒头变凉，这样表皮会较光滑。

一口面包

10个月以上
富含蛋白质

　　小巧的一口面包，除了当作零食点心，也可以当宝宝的手指食物！

材料：

高筋面粉210g、细砂糖20g、鸡蛋1个、蛋黄液适量、无盐黄油30g、鲜奶90mL、盐少许、酵母粉1/3小匙。

做法：

① 无盐黄油切丁备用后，再将糖、蛋放入蛋盆搅拌均匀，边搅拌边加鲜奶，直到变成一个光滑的面团，再揉入无盐黄油。

② 抓住面团一角往桌上摔打，再折叠重复摔打约200次后，将蛋盆底下擦点油，并将面团整形成圆形，开口朝下放入打蛋盆中。

③ 在面团表面喷点水，并盖上湿布静置40～60分钟，直至体积变为原面团的2倍大。面团取出后，擀成约1cm厚度，并切成1cmX1cm的方形块状。

④ 将切好的方形面团喷上些水，盖上湿布静置约40分钟，待面团体积膨胀到2倍时，刷上蛋黄液，放入预热170℃的烤箱，烤15分钟即可出炉。

地瓜馒头

地瓜拥有丰富的维生素和膳食纤维，除了能预防便秘，也有增强抵抗力的功效。

材料：
低筋面粉50g、中筋面粉160g、地瓜150g、水50mL、盐0.5g、速发酵母粉5g。

做法：
1. 将地瓜去皮蒸熟，压成地瓜泥后，与其他材料一起倒入面包机或蛋盆，混合搓揉成一个光滑不粘手的面团，盖上湿布静置25分钟。
2. 将面团移到工作台上，分切成每颗约60g后，擀开卷起整形，收口朝下。
3. 再次发酵50分钟（可以煮一锅温水，放上蒸笼，微温发酵比较快）。
4. 将发酵好的面团开大火蒸煮20分钟即可出炉。

香蕉蛋糕

香蕉富含膳食纤维，能促进肠胃蠕动、预防便秘，还有提高免疫力的功效。

材料：
松饼粉300g、无盐黄油70g、鲜奶90mL、鸡蛋2个、香蕉3根、细砂糖15g。

做法：
1. 将无盐黄油与细砂糖搅拌均匀，至无盐黄油泛白后，加入2个全蛋搅拌均匀。
2. 先用另一个容器将松饼粉和鲜奶搅拌均匀后，再将步骤1慢慢加入搅拌。
3. 将香蕉打成泥后，加入搅拌均匀，放入预热至180℃的烤箱烤40分钟即可。

注意NOTE
松饼粉也可以自制。材料：中筋面粉110g、玉米粉20g、小苏打粉1g（1/4匙）、泡打粉3g，将全部材料混合即可！

双色馒头

地瓜、黑糖都是营养价值很高的食材，将这两种食材混合制成馒头，变身营养健康的小点心。

材料：
【地瓜面团】地瓜80g、中筋面粉140g、速发酵母粉1.25g、水35mL。
【黑糖面团】黑糖50g、中筋面粉140g、速发酵母粉1.25g、水35mL。

做法：
1. 地瓜去皮蒸熟压成泥，黑糖先和水混合变黑糖水。
2. 地瓜泥与地瓜面团的其他材料，混合成一个光滑不粘手的面团；黑糖水与黑糖面团的其他材料，混合搓揉成一个光滑不粘手的面团。
3. 各自盖上湿布让面团静置25分钟，再将面团移到工作台上各自擀平。把黑糖面团皮、地瓜面团皮相叠起，再分切整形。
4. 发酵50分钟（可以煮一锅温水，放上蒸笼，微温发酵比较快）后，再开大火蒸20分钟即可。

全麦鲜奶吐司

10个月以上　钙含量高

全麦面粉含有铁、钙、维生素、叶酸、膳食纤维等，营养丰富。

材料：

高筋面粉170g、全麦面粉170g、细砂糖15g、鸡蛋1个、橄榄油30mL、鲜奶（或配方奶、母乳）120mL、盐少许、酵母粉3/4小匙、葡萄干少许（切碎）。

做法：

1. 蛋放入蛋盆后，再将高筋面粉、糖、盐、酵母粉混合并过筛，放入蛋盆里，边搅拌边加鲜奶，直到变成一个不粘手的面团。

2. 抓住面团一角往桌上摔去，再折叠重复摔打约200次后，将蛋盆底下擦点油，并将面团整成圆形，开口朝下放入蛋盆中。

3. 将面团喷点水，并盖上湿布静置40～60分钟，直至体积变为原面团的2倍大。面团分割成两团，各自擀开并铺上葡萄干后再卷起，卷完后开口朝下收尾，放入不带盖吐司模中（排列时请隔些距离）。

4. 喷些水在面团上，再盖回湿布静置40~60分钟，让面团胀到吐司模的7～9分满。

5. 放入预热170℃的烤箱，烤40分钟即可出炉。

黄金牛奶吐司

10个月以上　营养丰富

自制吐司营养又健康，无其他添加物，能让宝宝吃得放心又安心。

材料：

高筋面粉375g、细砂糖15g、无盐黄油（常温放软）20g、水120mL、鲜奶（或配方奶、母乳）120mL、盐少许、酵母粉4g、葡萄干少许（切碎）。

做法：

1. 无盐黄油、鲜奶放入蛋盆搅拌均匀，再把高筋面粉、糖、盐、酵母粉混合并过筛混入，一边搅拌一边加水，直到变成一个不粘手的面团。

2. 抓住面团一角往桌上摔去，再折叠重复摔打约200次后，将蛋盆底下擦点油，并将面团整成圆形，开口朝下放入蛋盆中。

3. 将面团喷点水，并盖上湿布静置40～60分钟，直至体积变为原面团的2倍大。面团分割成两团，各自擀开并铺上葡萄干后再卷起，卷完后开口朝下收尾，放入不带盖吐司模中（排列时请隔些距离）。

4. 喷些水在面团上，再盖回湿布静置40～60分钟，让面团胀到吐司模的7～9分满，最后放入预热至220℃的烤箱，烤40分钟即可出炉。

豆腐蛋糕

11个月以上　促进大脑发育

豆腐含有丰富的蛋白质、维生素、卵磷脂，对大脑发育有益，还能维持骨骼健康。

材料：

豆腐半盒、鸡蛋2个、鲜奶120mL、细砂糖15g、低筋面粉200g、酵母粉3g。

做法：

1. 将豆腐打成泥状放入蛋盆后，再加入蛋、鲜奶、糖搅拌均匀。

2. 将面粉以及酵母粉混合过筛加入，放入冰箱或静置2小时。

3. 放入蛋糕模，烤箱预热至160℃，烘烤40分钟即可。

红豆馒头

11个月以上
增强抵抗力

红豆含有丰富的铁质，有促进血液循环、强化体力、增强抵抗力的功效。

材料：

低筋面粉50g、中筋面粉160g、红豆汤65g、盐0.5g、速发酵母粉5g。

做法：

❶ 从红豆汤里捞出红豆15g、汤50mL，搅打成泥后，与其他材料倒入面包机或蛋盆，混合搓揉成一个光滑不粘手的面团，盖上湿布静置25分钟。

❷ 将面团移到工作台上并分切，每个约60g，擀开卷起整形，收口朝下。

❸ 再次发酵50分钟（可以煮一锅温水，放上蒸笼，微温发酵比较快）。

❹ 将发酵好的面团开大火蒸煮20分钟即可出炉。

小餐包

11个月以上
富含蛋白质

鲜奶、鸡蛋都含有蛋白质和丰富的营养素，自制的小餐包营养好吃又健康。

材料：

高筋面粉235g、砂糖15g、无盐黄油20g、鲜奶（或配方奶、母乳）110mL、鸡蛋1个、蛋黄液适量、盐少许、酵母粉2.5g。

做法：

❶ 无盐黄油隔水加热熔解后，与蛋、鲜奶搅拌均匀。

❷ 再加入面粉、盐、酵母粉、糖，拌匀，拌至看不到颗粒。

❸ 将面团放入大盆内，盖上保鲜膜并放入冰箱冷藏8小时以上。

❹ 取出后，分切成小面团（6~7个），擀平后再包起。

❺ 包好再静置约40分钟，发酵后刷上蛋黄液，放入预热好的烤箱，以170℃烘烤20分钟即可。

南瓜鲜奶馒头

南瓜富含维生素A、维生素C、膳食纤维，除了能预防癌症，还有预防便秘的功效。

材料：

低筋面粉50g、中筋面粉160g、南瓜150g、鲜奶（或配方奶、母乳）50mL、盐0.5g、速发酵母粉5g。

做法：

1. 将南瓜去皮蒸熟，压成南瓜泥后，与其他材料倒入面包机或打蛋盆，混合搓揉成一个光滑不粘手的面团，盖上湿布静置25分钟。

2. 将面团移到工作台上，分切成每个约60g后，擀开卷起整形，收口朝下。

3. 再次发酵50分钟（可以煮一锅温水，放上蒸笼，微温发酵比较快）。

4. 将发酵好的面团开大火蒸煮20分钟即可出炉。

百香棉花蛋糕

百香果含有维生素C、维生素A、β胡萝卜素等，能增强免疫力，也有增进铁质吸收的功用。

材料：

鸡蛋1个、细砂糖3g、百香果2个、低筋面粉20g、米粉20g。

做法：

❶ 将蛋白与蛋黄分开后，蛋黄与鲜奶、百香果、面粉、米粉打成蛋黄糊。

❷ 蛋白跟糖打发成蛋白糊，再以刮刀分批混入蛋黄糊后，轻轻搅拌均匀。

❸ 将面糊倒入蛋糕膜或是其他容器，放入已预热的烤箱以170℃烤15分钟即可。

平底锅煎蛋糕

蛋糕除了可以用烤箱、电锅做之外，甚至还能用平底锅煎，赶快来试看看吧！

材料：

低筋面粉60g、细砂糖10g、鲜奶20mL、全蛋2个、酵母粉2g。

做法：

❶ 蛋、细砂糖、低筋面粉、酵母粉全部搅拌均匀成面糊。

❷ 把面糊放入冰箱冷藏静置1～2小时。

❸ 取平底锅热锅后，倒入面糊，盖上盖子，火转至最小，焖煎15～20分钟即可。

蛋糕水果卷

可以依自己喜好，铺入想要的水果丁，再卷起，即营养可口的水果卷。

材料：

低筋面粉60g、细砂糖8g、鲜奶30mL、全蛋2个、酵母粉2g、水果丁适量。

做法：

1. 蛋、细砂糖、低筋面粉、鲜奶、酵母粉全部搅拌均匀成面糊。
2. 把面糊放入冰箱冷藏静置1~2小时。
3. 将面糊倒入方模中，放入已预热的烤箱，以180℃烤12分钟，最后铺上水果丁卷起即可。

香橙电锅蛋糕

柳橙富含维生素C、膳食纤维、柠檬酸，有促进食欲、帮助消化、改善便秘的功效。

材料：

鸡蛋3个、低筋面粉90g、细砂糖10g、柳橙汁70mL、柳橙泥20g。

做法：

1. 先将蛋白与蛋黄分开，接着把蛋黄与柳橙汁、柳橙泥、低筋面粉打成蛋黄糊。
2. 蛋白和糖打发，再将蛋白糊以刮刀分批混入蛋黄糊，轻轻搅拌均匀。
3. 最后将面糊倒入马克杯至八分满，放入电锅，外锅用2杯水按下，待开关跳起即可。

蜂蜜蛋糕

鲜奶、鸡蛋是营养丰富的食材，搭配蜂蜜制作的蛋糕，营养又好吃。

材料：

低筋面粉80g、细砂糖15g、鲜奶20mL、蜂蜜25mL、全蛋3个。

做法：

1. 把蜂蜜、鲜奶隔水加热搅拌均匀（将蜂蜜溶入鲜奶即可），备用。
2. 把蛋、糖搅拌至泛白（隔水加热至约40℃再搅打）后，把步骤1、2混合搅拌，再与低筋面粉混拌均匀。
3. 慢慢倒入蛋糕模，放入已预热的烤箱，以160℃烤40分钟即可。

鸡蛋糕

蜂蜜虽然营养丰富，但1岁以下宝宝肠胃还未发育健全，容易受肉毒杆菌感染，不能食用！

材料：

鲜奶110mL、蜂蜜15mL、低筋面粉100g、无盐黄油15g、细砂糖15g、鸡蛋2个、泡打粉3g。

做法：

1. 蛋、细砂糖打散混合后，再把牛奶、蜂蜜混合倒入，然后加入熔化后的黄油。
2. 加入过筛面粉、泡打粉，搅拌均匀后放入冰箱静置10分钟，再倒入酱料瓶，挤入鸡蛋糕模。
3. 放入已预热的烤箱，以140℃烘烤20分钟即可。

蜂蜜玛德琳

蜂蜜有整肠健胃、提高免疫力、消除疲劳的功效，但是建议1岁以后再给宝宝食用！

材料：

低筋面粉80g、蜂蜜15mL、杏仁粉15g、无盐黄油30g、细砂糖15g、鸡蛋2个、盐1g。

做法：

❶ 无盐黄油加热熔化备用。

❷ 接下来把2个鸡蛋打入蛋盆，再加入细砂糖、盐、蜂蜜搅拌均匀。

❸ 将面粉、杏仁粉混合过筛加入，搅拌至看不到粉粒，最后加入熔化后的黄油，打散到均匀。

❹ 将面糊倒入挤花袋，放入冰箱冷藏1小时后，将袋子角落剪洞并挤入玛德琳模具中。

❺ 放入已预热的烤箱中，以180℃烘烤20分钟后，放凉再出炉脱模。

鲜奶司康

司康是下午茶常见的点心，混合了奶油、鲜奶、鸡蛋，富含许多营养喔！

材料：

低筋面粉220g、细砂糖20g、全蛋1个、无盐黄油（室温软化）60g、鲜奶40mL（另准备少许备用）、盐1g。

做法：

❶ 先把无盐黄油切小块后，再放入冰箱冷藏。将低筋面粉、细砂糖、盐过筛混合后，加入刚刚放入冷藏的奶油，搅拌至看不到奶油块。

❷ 全蛋和鲜奶先行搅拌混合成"鸡蛋鲜奶"后，分批倒入盆中，用刮刀或手，搅拌至完全无颗粒的面团。

❸ 将面团移出蛋盆，以烤盘纸或保鲜膜上下包住，并擀至适当大小，擀好的面皮，由中间对切后再相叠。

❹ 擀平、对切、堆叠的动作至少重复3次后，再用保鲜膜包覆，放入冰箱冷藏，1小时后拿出来对切成小块。表面刷上鲜奶，放入已预热的烤箱中，以170℃烘烤25分钟即可。

电锅蒸米蛋糕

这是一道无油少糖的健康料理，加入酸甜滋味的百香果，营养又好吃。

材料：

鸡蛋3个、米粉90g、细砂糖10g、鲜奶（或配方奶、母乳）60mL、百香果1个。

做法：

❶ 蛋白与蛋黄分开后，蛋黄与鲜奶、百香果、米粉打成蛋黄糊。

❷ 蛋白跟细砂糖打成蛋白糊，以刮刀分批混入蛋黄糊，轻轻搅拌均匀。

❸ 将面糊倒入蛋糕膜或是其他容器，放入电锅，以外锅2杯水按下开关，开关跳起即可。

免揉松饼面包

家里有松饼机的人，可以做这款免揉的松饼面包，营养又好吃！

材料：

高筋面粉265g、酵母粉3g、细砂糖10g、盐1g、鲜奶80mL、鸡蛋1个、无盐黄油15g（放室温软化）、橄榄油20mL。

做法：

1. 将鸡蛋、无盐黄油、橄榄油、鲜奶等先行拌匀后，加入面粉、酵母粉、盐、细砂糖拌匀，直至看不到颗粒。

2. 面团放入较大锅内，盖上保鲜膜或盖子，放进冰箱冷藏8小时以上（目测体积约2倍大）。

3. 取出面团分成8等份后，静置20分钟。取出松饼机，将分好的面团放入，烤5～10分钟即可。

原书名:《手殘媽咪也會做！200道嬰幼兒主副食品全攻略》
作者：小潔
ISBN 978-986-92870-1-2
本书通过四川一览文化传播广告有限公司代理，经台湾橙實文化有限
公司授权出版中文简体字版本。

ⓒ 2019 辽宁科学技术出版社
著作权合同登记号：第 06-2018-408 号。

图书在版编目（CIP）数据

手残妈咪也会做！200道婴幼儿辅食全攻略 / 小洁著. — 沈阳：
辽宁科学技术出版社, 2019.11

ISBN 978-7-5591-1243-9

Ⅰ.①手… Ⅱ.①小… Ⅲ.①婴幼儿—食谱 Ⅳ.①TS972.162

中国版本图书馆CIP数据核字（2019）第147777号

出版发行：辽宁科学技术出版社
　　　　　（地址：沈阳市和平区十一纬路25号　邮编：110003）
印 刷 者：辽宁新华印务有限公司
经 销 者：各地新华书店
幅面尺寸：170mm×240mm
印　　张：11.5
字　　数：200千字
出版时间：2019年11月第1版
印刷时间：2019年11月第1次印刷
责任编辑：康　倩
封面设计：魔杰设计
版式设计：袁　舒
责任校对：徐　跃

书　　号：ISBN 978-7-5591-1243-9
定　　价：49.80元

投稿热线：024-23284367
邮购热线：024-23280336